乡村振兴战略之人才工程培训教材

农村电子商务

于学文　李婷梓　李世华　主编

中国农业出版社

北　京

《农村电子商务》编写人员

主　　编：于学文　李婷梓　李世华

副 主 编：杨　欣　张洪迎　毕洪丽

　　　　　刘惠英

编写人员：于学文（沈阳农业大学）

　　　　　李婷梓（蒲江具技术学校）

　　　　　李世华（乌海市农牧局）

　　　　　杨　欣（沈阳农业大学）

　　　　　常志远（沈阳工学院）

　　　　　朱巧楠（沈阳工学院）

　　　　　张　帆（沈阳工学院）

　　　　　李静秋（沈阳工学院）

　　　　　谭爱花（沈阳工学院）

　　　　　张洪迎（沈阳工学院）

　　　　　毕洪丽（沈阳工学院）

　　　　　刘惠英（湖北省崇阳县土肥站）

　　　　　郭　振（中国邮政集团公司枣庄市分公司）

视频制作：张庆宇　史明玉

前　言

　　伴随着互联网的普及，电子商务以惊人的速度走进千家万户，走进每一个人的生活，无论我们的职业是农民还是干部，无论我们居住在城市还是乡村，都被电子商务所影响，并从中受益。尤其在农村地区，电子商务正在向农民不断释放其所带来的巨大红利。农村居民居住分散，交通条件、信息化水平、物流、商业化程度等都与城市存在相当大的差距，这种差距影响着农村产业的发展，影响农民收入和生活质量的提高。而农村电子商务发展有利于农村各项事业的发展；可以增加农民收入、提高农民生活质量、缩小农村与城市的差距。为了让广大农民尽快全方位了解电子商务，掌握电子商务应用技能，让电子商务助推农村经济发展，我们编写了《农村电子商务》教材。

　　为使教材具有实际指导意义和应用价值，编者对农村电子商务的发展情况进行了调查研究，在编写中力求从农村电子商务推广的实际需求出发，把具有实际应用价值的内容呈现给读者。本教材共编写了十个模块的内容，模块一为电子商务概述，主要介绍电子商务的基础知识；模块二为农村电子商务，主要介绍农村电子商务的发展和政策、电商平台在农村的布局及农村电子商务的发展模式；模块三为网购，主要介绍各大主流电商平台的购物流程及网络购物的具体操作方法和技巧；模块四为农村电子商务的创办，主要包括在淘宝网、京东商城及微信

1

开展电子商务活动的具体方法；模块五为网店的设置与装修，主要介绍店铺的设置、店铺装备、店铺装修、商品推荐；模块六为网店推广与营销，主要介绍网店推广营销的方法和技巧；模块七为农村电子商务物流，从包装、仓储、运输、配送及供应链五个方面介绍农村电商物流；模块八为网店的客户服务与管理，主要介绍如何进行网店的售后服务，怎样完善售后服务及建立会员制的方法；模块九为电子商务支付与资金安全，主要介绍电商支付、移动支付、网上银行、互联网金融等方面的知识、应用方法及资金安全；模块十为布局农村电子商务的主要电商平台，主要介绍阿里巴巴农村战略、京东农村电商模式、顺丰生鲜农村布局。

本教材在编写过程中努力做到理论联系实际，在对理论进行阐述的同时，注重内容的可读性与可操作性，力求为农村电商经营者和广大农民提供有益的指导。本书可以作为新型职业农民培育教材，也可以供有关教学人员和实际工作者参考。

本书编写者的分工如下：模块一和模块九由于学文编写，模块二由毕洪丽编写，模块三由杨欣、谭爱花编写，模块四由李静秋编写，模块五由张洪迎编写，模块六及模块十由常志远编写，模块七由朱巧楠编写，模块八由张帆编写，于学文任本书主编，负责全书的统稿、定稿工作。

由于水平有限，书中难免有不妥之处，敬请广大读者和同行批评指正，以便进一步修订和完善。书中有些数据、案例来自网络、专业著作、教材和论文，由于时间关系难以一一核对和注明，敬请谅解！

编　者

2018 年 12 月

目　　录

1

模块一　电子商务

[引例]

"一亩田"电子商务运营模式

目前，"三农"电商发展十分迅速。2016 年，我国农产品在线经营企业和商户就多达 100 万家，全年交易额超过 2 200 亿元。电商的发展不仅增加了农民的收入，也带动了农村经济的发展。

农村电商有两种：一种是往农村卖货，第二种是帮农民卖货，前者做的只是配送终端，后者则要做好取得农民信任、掌握农产品丰收情况、农民教育等工作，"一亩田"做的就是后一种。

"一亩田"的全称为北京一亩田新农网络科技有限公司，是一家基于移动互联网技术、深耕农产品产地、促进农产品流通效率的互联网公司。"一亩田"自成立以来，就推出农产品行情数据服务，每天早晚两次进行数据更新，更新量达到 30 多万条。其品类包括生鲜果蔬、鲜活水产、畜牧养殖、粮油种植、中医药材、林业苗木、特种养殖等。

农产品种植户最担心的就是农产品卖不出去，作为农产品经纪人，还要操心农产品的品质如何把控、仓储费用、物流时间、收购资金不足等一系列的问题。

农业是靠天吃饭的行业，种植技术再好，也控制不了天气变化，旱涝保收是极难的事情，"一亩田"的一线工作人员走入田间地头，与农民成为朋友，方便更快速地掌握一线农产品的舆情动态，通过与农民进行交流，能够更准确地判断农产品的行情。

不同于纯互联网电商的简单在线交易，"一亩田"要去掌握一线的数据，这样平台运营才会最大限度地帮助农民解决滞销等难题。

对于绿色食品生产基地，"一亩田"在当地设立了办事处。办事处的职能之一就是教农户如何使用应用程序（App）。通过软件，农户可以马上参与农产品的售卖，如参与北京新发地市场具体采购订单的竞价，价格合适直接联系，几分钟就可以成交。

不仅如此，通过"一亩田"内部智能分析匹配系统，农产品经纪人还可以看到每日哪个市场什么产品最赚钱、哪个地区供应量大、什么产品砸行赔钱、哪个地区供应量少等。传统的农产品流通是劳动密集型的业务，现在则可以是技术密集型的业务。

"一亩田"办事处已经同农产品产区一部分农产品经纪人建立了联系，对部分农产品供应进行认证，并对产地的供应商进行实名、实地、签约供应商的认证，这些都是免费的服务。采购商通过网站采购签约供应商农产品，遭遇诚信问题将获得"一亩田"的先行赔付。这种模式已经形成榜样效应。

任务一 电子商务概述

一、电子商务的概念

（一）电子商务

电子商务是利用微电脑技术和网络通信技术进行的商务活动。各国政府、学者、企业界人士根据自己所处的地位及对电子商务参与角度和程度的不同，给出了许多不同的定义，但其关键依然是依靠着电子设备和网络技术进行的商业模式。随着电子商务的高速发展，它已不仅仅包括购物，还包括了物流配送等附带服务。电子商务包括电子货币交换、供应链管理、电子交易市场、网络营销、在线事务处理、电子数据交换（EDI）、存货管理和自动数据收集系统，在此过程中，利用的信息技术包括互联网、外联网、电子邮件、数据库、电子目录和移动电话。

广义上讲，电子商务就是通过电子手段进行的商业事务活动。通过使用互联网等电子工具，使公司内部、供应商、客户和合作伙伴之间利用电子业务共享信息，实现企业间业务流程的电子化，配合企业内部的电子化生产管理系统，提高企业的生产、库存、流通和资金等各个环节的效率。

狭义上讲，电子商务是指通过使用互联网等电子工具（这些工具包括电报、电话、广播、电视、传真、计算机、计算机网络、移动通信等）在全球范围内进行的商务贸易活动，是以计算机网络为基础所进行的各种商务活动，包括商品和服务的提供者、广告商、消费者、中介商等有关各方行为的总和。人们一般理解的电子商务是指狭义上的电子商务。

联合国国际贸易程序简化工作组对电子商务的定义是：采用电子形式开展商务活动，它包括在供应商、客户、政府及其他参与方之间通过任何电子工具，如 EDI、电子邮件等共享非结构化商务信息，并管理和完成在商务活动、管理活动和消费活动中的各种交易。

■■ （二）农村电子商务

农村电子商务是通过网络平台嫁接各种服务于农村的资源，拓展农村信息服务业务和服务领域，使之兼而成为遍布县、镇、村的"三农"信息服务站，作为农村电子商务平台的实体终端直接扎根于农村，服务于"三农"，真正使"三农"服务落地，使农民成为平台的最大受益者。

2015 年 10 月 14 日，国务院总理李克强主持召开国务院常务会议，决定完善农村及偏远地区宽带电信普遍服务补偿机制，缩小城乡数字鸿沟；部署加快发展农村电商，通过壮大新业态，促消费、惠民生；确定促进快递业发展的措施，培育现代服务业新增长点。

农村电子商务平台配合密集的乡村连锁网点，以数字化、信息化的手段，通过集约化管理、市场化运作以及成体系的跨区域、跨行业联合，构筑紧凑而有序的商业联合体，降低农村商业成本、扩大农村商业领域，使农民成为平台的最大获利者，使商家获得新的利润增长。农村电子商务服务包含网上农贸市场、数字农家乐、特色旅游、特色经济和招商引资等内容。

1. 网上农贸市场

迅速传递农林渔牧业供求信息，帮助外商出入属地市场，帮助属地农民开拓国内市场、走向国际市场，进行农产品市场行情和动态快递、商业机会撮合、产品信息发布等工作。

2. 特色旅游

依托当地旅游资源，通过宣传推介来扩大对外知名度和影响力，从而全方位介绍属地旅游线路和旅游特色产品及企业等信息，发展属地旅游经济。

3. 特色经济

通过宣传、介绍各个地区的特色经济、特色产业和相关的名优企业、产品等，扩大产品销售通路，加快地区特色经济和名优企业的迅猛发展。

4. 数字农家乐

为属地的农家乐（有地方风情的各种餐饮娱乐设施或单元）提供网上展示和宣传的渠道。通过运用地理信息系统技术，制作全市农家乐分布情况的电子地图，同时采集农家乐基本信息，使其风景、饮食、娱乐等各方面的特色尽在其中、一目了然，既方便城市百姓的出行，又让农家乐获得广泛的客源，实现城市与农村的互动，促进当地农民增收。

5. 招商引资

搭建各级政府部门招商引资平台，介绍政府规划发展的开发区、生产基地、投资环境和招商信息，更好地吸引投资者到各地区进行投资生产经营活动。

二、电子商务的类型

(一) 按参与交易对象分类

按照交易对象,电子商务可以分为企业与企业之间的电子商务 (B2B),企业与消费者之间的电子商务 (B2C),消费者与消费者 之间的电子商务 (C2C),企业、消费者、代理商三者相互转化的 电子商务 (ABC),企业对政府的电子商务 (B2G)。

1. 企业与企业之间的电子商务

企业与企业之间的电子商务是指商业机构(或企业、公司)使 用互联网或各种商务网络向供应商(企业或公司)订货和付款。其 中,商业机构对商业机构的电子商务发展最快,已经有了多年的历 史,特别是通过增值网络上运行的电子数据交换,使企业与企业之 间的电子商务得到了迅速扩大和推广,公司之间可以使用网络订货 并进行付款。

企业与企业之间的电子商务模式主要有垂直模式、综合模式和 自建模式。垂直模式可以分为两个方向,即上游和下游。生产商或 商业零售商可以与上游的供应商之间形成供货关系;生产商与下游 的经销商可以形成销货关系。简单地说,这种模式下的网站类似于 在线商店,这一类网站其实就是企业网站,是企业直接在网上开设 的虚拟商店,通过这样的网站可以大力宣传自己的产品,用更快 捷、更全面的手段让更多的客户了解自己的产品,促进交易。综合 模式将各个行业中相近的交易过程集中到一个场所,为企业的采购 方和供应方提供了一个交易的机会,这一类网站自己既不是拥有产 品的企业,也不是经营商品的商家,它只提供一个平台,在网上将 销售商和采购商汇集一起,采购商可以在该网站查到销售商的有关 信息和销售商品的有关信息。自建模式是大型行业龙头企业基于自 身的信息化建设程度,搭建以自身产品供应链为核心的行业化电子 商务平台。行业龙头企业通过自身的电子商务平台,串联起行业整条产业链，供应链上下游企业通过该平台实现资讯、沟通、交易。但此类电子商务平台过于封闭，缺少产业链的深度整合。

在企业与企业之间的电子商务模式中，商品交易的特点是交易次数少、交易金额大，适合企业与供应商、客户之间大宗货物的交易与买卖活动。另外，这种模式交易对象广泛，既可以是中间产品，也可以是最终产品。因此，这种模式是目前电子商务发展的推动力和主流。

2. 企业与消费者之间的电子商务

企业与消费者之间的电子商务也就是通常说的直接面向消费者销售产品和服务的商业零售模式，这种模式是中国最早产生的电子商务模式，如今的电子商务网站非常多，比较大型的有天猫商城、京东商城、一号店、亚马逊、苏宁易购、国美在线等。

企业通过互联网为消费者提供一个新型的购物环境——网上商店，消费者通过网络在网上购物和支付。这种模式节省了客户和企业的时间和空间，大大提高了交易效率，特别是对于工作忙碌的上班族来说，这种模式可以为其节省宝贵的时间。这种模式的付款方式是货到付款与网上支付相结合，而大多数企业的配送选择物流外包方式以节约运营成本。随着用户消费习惯的改变以及优秀企业示范效应的促进，网上购物用户不断增长。

企业与消费者之间的电子商务主要模式有综合商城、百货商店、垂直商店、复合品牌店。

（1）综合商城。综合商城有庞大的购物群体、稳定的网站平台、完备的支付体系和诚信安全体系（尽管目前仍然有很多不足），促进了卖家进驻卖东西、买家进去买东西。线上的商城，在人气足够、产品丰富、物流便捷的情况下，具有成本低、二十四小时营业，无区域限制、更丰富的产品等优势，其代表为淘宝商城、天河城、正佳广场等。

（2）百货商店。谓之店，说明卖家只有一个；而百货，即满足日常消费需求的丰富产品线。这种商店有自有仓库，会库存系列产品，以备更快的物流配送和客户服务，有些甚至还有自己的品牌。

其代表为亚马逊、当当、卓越、天悦商城、线上沃尔玛。

（3）垂直商店。这种商城的产品存在着更多的相似性，要么都是满足于某一人群的，要么是满足于某种需要或某种平台的。垂直商店的数量取决于市场的细分，也正因为有了良好的竞争格局，促进了其服务的完善。垂直商店的代表为麦考林、红孩子、京东、中国巨蛋网、线上的千色店、国美。

（4）复合品牌店。随着电子商务的成熟，有越来越多的传统品牌商加入电商战场。以抢占新市场、扩充新渠道、优化产品与渠道资源为目标，一波大肆进军的势头蠢蠢欲动。其代表为佐丹奴、百丽。

3. 消费者与消费者之间的电子商务

消费者与消费者之间的电子商务是指消费者个人间的电子商务行为。通过为买卖双方提供一个在线交易平台，使卖方可以主动提供商品上网拍卖，而买方可以自行选择商品进行竞价。

个人电子商务市场的巨大潜力吸引了诸多国内外企业的眼光，培育中国个人电子商务市场已经成为国内外众多企业争取用户份额、留住客户、进行强力竞争的手段。

该交易平台上的交易产品丰富、范围广，并且以个人消费品为主，这种模式的交易本质是网上撮合成交并通过网上或网下的方式进行交易。

4. 企业、消费者、代理商三者相互转化的电子商务

这是新型电子商务模式的一种，被誉为继阿里巴巴 B2B 模式、京东商城 B2C 模式以及淘宝 C2C 模式之后电子商务界的第四大模式。它是由代理商、商家和消费者共同搭建的集生产、经营、消费为一体的电子商务平台，三者之间可以转化，大家相互服务、相互支持，你中有我、我中有你，真正形成一个利益共同体。

5. 企业对政府的电子商务

企业对政府的电子商务是新近出现的电子商务模式，即"商家到政府"，它的概念是商业和政府机关使用中央网站来交换数据并且与彼此做生意。

（二）按开展电子交易的范围分类

按照开展电子交易的范围，电子商务可以分为本地电子商务、国内电子商务、全球电子商务。

1. 本地电子商务

本地电子商务是指利用本城市或本地区内的信息网络实现的电子商务活动。本地电子商务系统交易的地域范围较小，是开展国内电子商务和国际电子商务的基础系统。

2. 国内电子商务

国内电子商务是指在本国范围内进行的网上电子交易活动。其交易的地域范围较大，对软、硬件和技术要求较高，要求在全国范围内实现商业电子化、自动化。同时，还要实现金融电子化，交易各方应具备一定的电子商务知识、技术和经济能力，并具备一定的管理水平和能力等。

3. 全球电子商务

全球电子商务是指在全世界范围内进行的网上电子交易活动，涉及的有关交易各方的相关系统有买方国家进出口公司系统、海关通讯员、银行金融系统、税务系统、运输系统及保险系统等。现已制定出了世界统一的电子商务标准和电子商务协议，使全球电子商务得以顺利发展。

 （三）按商业活动运作方式分类

按商业活动运作方式、电子商务可分为完全电子商务和不完全电子商务两类。

1. 完全电子商务

完全电子商务是指交易过程中的信息流、资金流、商流、物流都能够在网上完成，商品或服务的整个商务过程都可以在网络上实现的电子商务。

2. 不完全电子商务

不完全电子商务是指先基于网络解决好信息流的问题,使交易双方在互联网上结识、洽谈,然后通过传统渠道,实现资金流和物流。

三、电子商务的关联对象

电子商务的形成与交易离不开以下四方面的关系:

1. 交易平台

第三方电子商务交易平台(以下简称"第三方交易平台")是指在电子商务活动中为交易双方或多方提供交易撮合及相关服务的信息网络系统的总和。

2. 平台经营者

第三方交易平台经营者(以下简称"平台经营者")是指在工商行政管理部门登记注册,领取营业执照,从事第三方交易平台运营并为交易双方提供服务的自然人、法人和其他组织。

3. 站内经营者

第三方交易平台站内经营者(以下简称"站内经营者")是指在电子商务交易平台上从事交易及有关服务活动的自然人、法人和其他组织。

4. 支付系统

支付系统是由提供支付清算服务的中介机构和实现支付指令传送及资金清算的专业技术手段共同组成,用以实现债权债务清偿及资金转移的一种金融安排,有时也称为清算系统。

四、电子商务的意义

(一)电子商务对经济的推动作用

1. 电子商务从根本上改变了社会经济,推动了社会发展和经

济增长

电子商务，尤其是 B2B 业务增长迅速，降低了成本，提高了经济效益，促进了市场的根本变化，它将带来就业增长，也将造成技能需求结构的变化。电子商务的社会经济影响对政策提出了新要求。

2. 电子商务从根本上改变了市场

电子商务将改变进行商务活动的方式：传统的中介功能将被取代，新产品和新市场将出现，企业和消费者之间将建立起远比过去密切的新型关系。同时，电子商务也将改变工作的组织方式：知识扩散及人们在工作场所中互相合作的新渠道将产生，工作中将需要更强的灵活性和适应性，工人的职责和技能将重新定义。

3. 电子商务具有催化作用

电子商务将使经济中已经出现的变化加快速度，并更加广泛地传播，如管制改革、企业间电子连接的建立、经济活动全球化和对高技能工人的需求。类似地，已经出现的许多局部性的趋势由于电子商务的作用，都将加速发展。

4. 电子商务大大提高了经济中各种因素相互影响的程度

这些联系现在延伸到小企业和居民户中并传播到整个世界。接入方式将从相对较贵的个人电脑转移到便宜而便于使用的电视机和电话及未来设备上。人们在任何事件、任何地点进行通信联络和商业交易的能力将日益增强，这将侵蚀经济和地理的边界。

开放性是电子商务扩张内在的技术和哲学信条。互联网作为商务平台的普遍使用源自它非私有的标准和开放的天性，及经过演变对它形成支持的巨大产业。连接巨大网络产生的经济力量将有助于新的标准保持开放。更重要的是，开放性是作为一项战略出现的，因为许多非常成功的电子商务企业给予商业伙伴和消费者不同的机会去接触他们的内部工作方式、数据库和人员情况。这造成了消费者地位的变化，他们正日益成为产品设计和创造的伙伴。未来的开放性将使经济和社会发生根本性的变化，其中既有好的，如透明性增强、竞争加剧，也有坏的，如侵犯私人生活的可能性。

（二）电子商务对发展农村经济的作用

首先，电子商务活动让农民更加及时地获得市场信息。农民选择生产作物的对象主要依靠自身的经验和往年的销售情况，可以说，农民不会根据市场行情发展趋势或市场的供求关系进行生产，这就决定了农业生产具有很高的风险性。电子商务的开展将会给农民以更多可靠的消息，农民在网上可以了解现阶段市场上对各种农作物的需求情况、价格趋势以及各种原料的相应性质，进而通过可靠的市场动态来决定生产什么、生产多少、如何生产、怎样才能使土地利用效率最大化。电子商务业务为农民提供了强有力的信息支持。

其次，电子商务可以更好地解决我国农业中出现的"小农户与大市场"的矛盾。单个农民作为生产的主体，不能及时了解市场信息，造成农产品不适应市场需求。分散的独立生产者所生产的大宗农产品要汇集到城市中去，分销给众多的消费者，需要一套有组织的、完善的销售网络体系。但农户家庭作为农业生产经营的基本组织单元，并不能支撑起日益庞大的农副产品市场的发展，单个用户和市场之间缺乏有效的连接机制，即中介缺失而非市场缺失。农村电子商务的出现可以很好地解决这方面的问题，将小农户与大市场紧密地联系在一起。

再次，电子商务活动有助于农产品的销售。目前农村最大的问题就是"卖难"，农民生产出农产品，由于信息不对称，农产品销售不出去，这就给农民造成了严重的损失。通过电子商务，农民可以在网上公开出售自己的农产品，采购商也可以从网上获得农产品信息，采购商和农民可以在网上讨价还价并进行交易。此外，电子商务提高了农民的素质和生活质量。电子商务象征着网络和信息时代的到来，这不单是一种先进的交易方式，也是一种很有效的教育方式。农民可以从网上获得各种各样的信息，从而更好地学习和生产，农民同样可以进行网上购物，选择自己喜欢的商品，享受电子商务的优越性。同时，电子商务为社会主义新农村建设提供了可靠的支持。建设社会主义新农村是我国的一项基本国策，电子商务的发展有助于农村经济的发展与建设，从根本上解决了农村与城市信息隔绝的现象。

最后，电子商务降低了农产品交易成本，增加了农业收入。传统农产品供应链环节较长，从农业生产者到消费者环节较多，导致农产品在储运、加工和销售环节中的成本过高。电子商务将农产品直接推向市场，在拓展了传统交易方式的同时简化了供应链环节，降低了农产品的交易成本。电子商务突破了时空的限制，降低了交易信息的不对称程度，使交易主体多元化，拓宽了农产品的销售渠道，从而增加了农民收入。

从根本上来看，电子商务不仅提升了农民收益，更重要的是，电子商务将推动农业、农村的现代化进程，进而减少城乡差距，增进社会稳定。

■■ （三）电子商务发展带来的问题

1. 税收问题

作为新兴贸易渠道，电子商务承载着巨大的交易量。但是由于电子商务的税收体系还不够完善，许多商家在进行网络销售的时候都没有交税。如此庞大的交易金额却没有为国家带来税收，造成的损失是巨大的。许多商家看到电商可以为自身的经营节约成本，纷纷放弃实体经营模式，转而选择互联网营销方式，又给国家的税收造成了影响。

2. 质量问题

与实体交易相比较，电子商务存在的最大问题就是不能直接接触商品。众所周知，消费者在网上购物时对商品的认识基本都是通过图片和文字说明，有些商家会加上一些视频文件进一步做出说明，将一件立体的商品进行平面化的过程本身就带来了商品信息的缺失。消费者在购买商品时不能直接观察到实际商品，无法亲手确认商品，常常因为图片与实际不符与商家造成矛盾。由于电商交易跨越地域广泛，商品调换、退换、售后需要承担运费，因此这方面存在各种纠纷，造成了消费者权益的损害。我国法律明确规定："消费者享有知悉其购买、使用的商品或者接受的服务的真实情况的权利。消费者有权根据商品或者服务的不同情况，要求经营者提供商品的价格、产地、生产者、用途、性能、规格、等级、主要成分、生产日期、有效期限、检验合格证明、使用方法说明书、售后服务，或者服务的内容、规格、费用等有关情况。"在进行网络购物时，就商品信息问题来说，商家与消费者之间的信息本就是不对等的，加上电商注册十分便捷，监管不严格，使网络成为许多"三无"产品不法商贩的主要销售渠道，造成大规模的网络商品质量问题，着实令人头痛。

3. 物流环境

物流是电商真正接触客户的唯一实体通道。消费者在网络上选择好商品后，卖家将通过消费者的需要选择不同的物流公司进行商品派送。虽然近年来中国的物流得到了飞速发展，但是在具体过程中仍存在大量需要改进的问题。拖延派送、暴力装卸、拒绝验货等物流问题构成了消费者对其投诉的主要部分。

除此之外，近期还出现了新的问题与说法：当人们使用电商购物时，商家为了使货物较为完整地派送到消费者手中，常常采取厚纸壳、加厚塑料等材质对商品进行包装，这些材质往往是由废旧材料制造而成的，很难再加工利用。而这些包装材质在消费者收到商品后就被随意丢弃，尤其是不可降解的加厚塑料，会对环境造成极大的污染，不利于社会的生态和谐发展。

4. 网络诈骗

人们在使用互联网进行购物时最大的担心就是网络交易的安全隐患。在实体交易中，买卖双方在进行交易时看得到真实的货币资金，涉及大额交易时也会通过银行汇款等安全系数很高的途径进行付款；而互联网环境下的货币支付相对来说就显得很不安全，通过银行网络汇款或者第三方平台支付都看不到真实的货币。现在常见的网络结算安全保障机制有网页交易验证码、手机短信验证码、交易密码以及各类安全解锁等,看似安全却也存在隐患。虽然新兴的快捷支付、小额免输交易密码等支付创新方便了消费者购物,提高了网购的效率,但是网络毕竟是一个虚拟的环境,加上现今网络黑客高超的技术,使消费者更加担心自己的货币资金安全。

除货币安全问题之外,利用电商进行诈骗的案件也屡屡发生,形式内容更是多种多样。淘宝网就发生过利用退款信息进行诈骗的案例,打开支付宝钱包等旗下产品均可看见提醒买家小心退款骗局、不要泄露交易码等字眼。由此可见,网络购物环境实在是需要一番整治。

5. 技术管理问题

电子商务打破了传统商务模式,无实体的经营模式为商业管理带来了不小的难题。互联网环境下的商务管理需要强大的网络技术支持,由于互联网交易频繁且交易量大,强大的后台支持是必不可少的。目前国内的电子商务平台分为直接面向消费者的网页(Web)前台和内部管理的后台,网络技术尚未发展到可以全方位支持大规模电商交易的程度,随着电商的持续火热,不能同步的网络技术必定会成为限制电商发展的因素之一。

(四)农村实行电子商务的困难

农村的基础设施不完善,尤其是网络很不健全。进行电子商务活动的首要前提就是要有一套健全的网络设施,而在我国大部分农村,电脑的普及程度很差,有些贫穷山区甚至连电话都没有,这就给农村建立电子商务提出了极大的挑战。我国农村普遍比较落后,农民思想也比较保守,农民怕风险意识严重,而电子商务这种新型的交易手段存在着不能估计的风险,使农民不敢去尝试电子商务业务,从而阻碍了电子商务在农村的实施。

农村生产规模小,目前我国农村大多采取的是家庭承包责任制,土地比较分散,农作物生产规模较小,这就导致单个农民不能提供足够的农作物供给,进而丧失网上交易的竞争力。同时,基层政府对农业电子商务缺乏足够的重视。在农村电子商务的起步阶段，政府的支持和引导是相当重要的。据调查，基层政府在推进农村信息化和开展电子商务上的作为极其有限，而且利用率低，很多乡镇信息员的工作只是局限于收发信息，基本上不涉及农村电子商务方面的工作。

任务二　电子商务的起源与发展

一、电子商务的起源

广义的电子商务的起源可以追溯到 19 世纪 40 年代。在电报刚刚问世时，商人们为了加快贸易信息的传递，采用莫尔斯码点和线的形式在电线中传输贸易信息，这标志着运用电子手段进行商务活动进入了新纪元；后来利用电话、传真等传递商贸信息的活动应该是电子商务活动的开端。现代商务一直与电子技术密切地联系在一起，但真正意义上的对电子商务的研究和应用实施始于 20 世纪 70 年代末。我们可以把电子商务的发展分为两个阶段，即始于 20 世纪 80 年代中期的 EDI 电子商务和始于 90 年代初期的互联网电子商务。

1. EDI 电子商务

EDI 即电子数据交换，是 20 世纪 80 年代发展起来的一种电子化商业贸易工具，是现代计算机技术与网络通信技术相结合的产物。

早在 20 世纪 70 年代末就出现了作为企业间电子商务应用系统雏形的 EDI 和电子资金传送（EFT），而实用的 EDI 商务在 80 年代得到了较大发展。EDI 电子商务主要是通过增值网络实现的，通过 EDI 网络，交易双方可以将交易过程中产生的询价单、报价单、订购单、收货通知单和货物托运单、保险单和转账发票等报文数据以规定的标准格式在双方的计算机系统上进行端对端的数据传送。到了 90 年代，EDI 电子商务技术已经十分成熟，EDI 使企业实现了"无纸贸易"，大大提高了工作的效率，降低了交易的成本，减少了由于失误带来的损失，加强了贸易伙伴之间的合作关系，因此，在国际贸易、海关业务和金融领域得到了大量应用。

但 EDI 电子商务的解决方式都是建立在大量功能单一的专用软硬件设施基础上的。当时网络技术的局限性限制了 EDI 的应用范围扩大，同时，EDI 对技术、设备、人员有较高的要求，并且使用价格极为昂贵。受这些因素的制约，EDI 电子商务仅局限在先进国家和地区以及大型的企业范围内应用，在全世界范围内得不到广泛的普及和发展，大多数中小企业难以应用 EDI 开展电子商务活动。

2. 互联网电子商务

现代意义上的电子商务是国际互联网技术成熟后才开始的。1990 年，互联网进入以资源共享为中心的实用服务阶段；1991 年，美国政府宣布互联网向社会公众开放，允许在网上开发商业应用系统；1992 年，互联网主干网上计算机发展到 4 500 台；1993 年，万维网出现，这是一种具有处理图文、声像等超文本对象能力的网络技术，使互联网具备了支持多媒体应用的功能；1995 年，互联网上的商业信息量首次超过了科教信息量，这既是互联网此后产生爆炸性发展的标志，也是电子商务从此大规模起步发展的标志。

20 世纪 90 年代中期后，互联网迅速普及化，逐步从大学、科研机构走向企业和百姓家庭，其功能也从信息共享演变为一种大众化的信息传播工具。从 1991 年起，一直排斥在互联网之外的商业贸易活动正式进入这个王国，也使电子商务成为互联网应用的最大热点。

互联网网上的电子商务之所以受到重视，是因为它具有区别于其他方式的不同特点。它可以使企业从事在物理环境中所不能从事的业务，有助于降低企业的成本，提高企业的竞争力。同时，它也为各种各样的企业提供了广阔发展天地和商机，帮助他们节约成本、增加价值、扩展市场、提高效率并抓牢客户，使中小企业可以用更低的成本进入国际市场参与竞争。此外，它还能为广大的网上消费者增加更多的消费选择，使消费者得到更多的利益。

电子商务是一场革命，它打破了时空的局限，改变了贸易形态，使互联网成为一种重要的业务传送载体，汇聚信息，生成新的业务，产生新的收入，使企业可以进行相互连锁的交易。电子商务可以使企业逐渐提高自适应导航功能，企业通过网上搜索交换信息，使业务交往个人化并具有动态特征，以赢得用户的欢迎，获得效益。

　　互联网网上电子商务迅速兴起的另一个深刻背景是互联网的爆炸性发展促进了信息技术更加广泛的应用，由此引起的剧烈的全球性竞争要求企业比竞争对手更加灵活，从而响应业务需求的变化，提高投资回报率，加速新产品上市时间，提供最佳的价格、及时的商品交付和较好的售后服务。为了适应新的市场发展需要，全球企业的经营模式面临新的挑战，企业必须调整自己的经营方式和产业结构，才能够在适者生存的市场竞争中取得立足之地。

二、电子商务的发展

（一）世界电子商务的发展

　　1994 年，全球电子商务销售额为 12 亿美元，1997 年为 26 亿美元，1998 年为 500 亿美元，2016 年接近 10 万亿美元。

　　电子商务使商务模式发生了显著改变，对人类社会生活产生了重要影响。电子商务是在虚拟空间进行的商务，因而是对传统商务活动的一次根本性革新，将使人类的社会、政治和文化生活发生深刻变革。电子商务的迅速发展已经使传统非网上销售业受到了严重冲击，互联网的迅速发展使电子商务市场成为继传统市场之后的又一个巨大市场，这一市场突破了国界与疆域。利用电子商务，企业可以构筑覆盖全球的商业营销体系，实施全球性经营战略，加强全球范围内行业间的合作，进而增强全球性竞争能力。特别是对于小企业或小行业来说，通过电子商务可以了解世界范围的市场需求，促进其与遍布全球的公司间的合作。另外，作为信息技术应用的主要领域，电子商务正在成为各国未来经济新的增长点。电子商务的主导技术是信息技术，它的发展将有力带动一批信息产业和信息服务业的发展，促进经济结构的调整，从而对经济发展产生推动作用。

（二）我国电子商务的发展

1. 发展历史

电子商务在中国的发展过程大致可分为五个阶段：

第一阶段（1990—1993年），开展EDI的电子商务应用阶段。1990年，联合国推出了迄今为止唯一的一套EDI标准，并在全球范围内推广，由此在世界范围内拉开了电子商务的序幕。自1990年开始，EDI被列入"八五"国家科技攻关项目，外经贸部、中国海关等部门组成了联合小组，研究该标准在中国的应用，特别是在国际买一以及与之相关领域的应用。1991年9月，由国务院电子信息系统推广应用办公室发起成立"中国促进EDI应用协调小组"。EDI在国内外贸易、交通、银行等部门推广应用。

第二阶段（1994—1997年），政府领导组织开展"三金工程"阶段，为电子商务的发展打基础。1993年，成立国务院国民经济信息化联席会议及其办公室，相继组织了金关、金卡、金税等"三金工程"，取得了重大进展；1994年5月，中国人民银行、全球信息基础设施委员会等共同组织了"北京电子商务国际论坛"，来自美国、英国、法国、德国、日本、澳大利亚、埃及和加拿大等国共700人参加；1994年9月，中国公用计算机互联网建设启动；1994年10月，"亚太地区电子商务研讨会"在京召开，使电子商务概念开始在我国传播；1995年，中国互联网开始商业化运作，互联网公司开始兴起。1996年8月，留美博士张朝阳在风险投资的支持下创办了搜狐；1997年，中国公用计算机据联网、中国科技网、中国教育和科研计算机网、中国金桥信息网实现了互联互通，各种网站的广告和宣传大量出现，电子商务的名词和概念开始在中国传播。中国商品订货系统、在这一阶段，中国商品交易中心、虚拟"广交会"、大型电子商务项目陆续推出，电子商务在中国迅速发展。

第三阶段（1998—1999 年），开始进入互联网电子商务发展阶段。1998 年 3 月，我国第一笔互联网网上交易成功；1998 年 7 月，中国商品交易市场正式宣布成立，被称为"永不闭幕的'广交会'"；1999 年 3 月，8848 等 B2C 网站正式开通，网上购物进入实际应用阶段；1999 年，政府上网、企业上网、电子政务、网上纳税、网上教育、远程诊断等广义电子商务开始启动，并进入实际试用阶段。

第四阶段（2000—2009 年），我国电子商务进入了务实发展阶段。电子商务逐渐以 B2B 为主体，电子商务公司从虚幻、风险资本市场转向满足现实市场需求，与有商务传统的企业结合，同时开始出现一些较为成功、开始盈利的电子商务应用。基础设施等外部环境的进一步完善及电子商务应用方式的进一步完善使市场对电子商务的需求逐步加大，电子商务软件和解决方案的"本土化"趋势加快，国内企业开发或是着眼于国内应用的电子商务软件和解决方案逐渐在市场上占据主导。我国电子商务全面启动并已初见成效，基于网络的电子商务优势进一步发挥了出来。

第五阶段（2010 年至今），我国电子商务发展进入成熟期。3G、4G 的蓬勃发展促使全网全程电子商务时代的到来，电子商务已经受到国家高层的重视，并提升到国家战略层面。

2. 发展趋势

（1）更广阔的环境。人们不受时间和空间的限制，可以随时随地在网上交易。

（2）更广阔的市场。在网上，这个世界将会变得很小，一个商家可以面对全球的消费者，而一个消费者可以在全球的任何一家店铺购物。

（3）更快速的流通和更低廉的价格。电子商务减少了商品流通的中间环节，节省了大量开支，从而也大大降低了商品流通和交易

19

的成本。

（4）更符合时代的要求。如今人们越来越追求时尚，讲究个性，注重购物的环境，网上购物更能体现个性化的购物过程。

■ （三）农村电子商务的发展

2015 年 10 月 14 日，国务院常务会议认为，通过大众创业、万众创新，发挥市场机制作用，加快农村电商发展，把实体店与电商有机结合，使实体经济与互联网产生叠加效应，有利于促消费、扩内需，推动农业升级、农村发展、农民增收。为此，一要扩大电商在农业、农村的应用。鼓励社会资本、供销社等各类主体建设涉农电商平台，拓宽农产品、民俗产品、乡村旅游等市场，在促进工业品下乡的同时为农产品进城拓展更大空间。优先在革命老区、贫困地区开展电商进农村综合示范，增加就业和增收渠道，推动扶贫开发。二要改善农村电商的发展环境。完善交通、信息、产地集配、冷链等相关设施，鼓励农村商贸企业建设配送中心，发展第三方配送等，提高流通效率。三要营造良好的网络消费环境，严打网上销售假冒伪劣商品等违法行为。大力培养农村电商人才，鼓励通过网络创业就业。四要加大农村电商政策扶持。对符合条件的给予担保贷款及贴息。鼓励金融机构创新网上支付、供应链贷款等产品，简化小额短期贷款手续，加大对电商创业的信贷支持。让亿万农民通过"触网"走上"双创"新舞台。

2016 年 2 月 17 日，国家发展和改革委员会与阿里巴巴集团在京签署结合返乡创业试点发展农村电商的战略合作协议。未来三年，双方将共同支持 300 余个试点县（市、区）结合返乡创业试点发展农村电商。根据协议，未来三年，国家发展和改革委员会将加强统筹规划、综合协调，不断改善试点地区的创业环境，并组织试点地区对接阿里巴巴。阿里巴巴则提供包括农村淘宝在内的农村电商项目落地支持，对接试点地区，实现项目落地生根。对于国家级贫困县，阿里巴巴将结合当地实际情况辅以重点资源倾斜。协议约定，国家发展和改革委员会将整合资源，推动、引导试点地区先行与阿里巴巴农村淘宝项目合作。同时，鼓励试点地区开展针对政府相关服务人员、农村淘宝合伙人、淘帮手等农村电商服务体系参与人员的培训活动，做好宣传引导等相关工作。此次合作一方面助力试点地区发展农村电商，另一方面还能通过发展农村电商进一步吸纳更多农民工等人员返乡创业、就业。届时，随着生态链和生态圈的发展，将会吸纳更多人员返乡创业、就业。

（四）移动电子商务

1. 移动电子商务的含义

移动电子商务是由电子商务的概念衍生出来的。电子商务以个人计算机（PC机）为主要界面，是有线的电子商务；而移动电子商务则是通过手机、个人数字助理（Pad）这些可以装在口袋里的终端与我们谋面，无论何时、何地都可以开始。有人预言，移动商务将决定21世纪新企业的风貌，也将改变生活与旧商业的地形地貌。移动电子商务就是利用手机、Pad及掌上电脑等无线终端进行的 B2B、B2C、C2C 或线上到线下（O2O）的电子商务。它将因特网、移动通信技术、短距离通信技术及其他信息处理技术完美地结合，使人们可以在任何时间、任何地点进行各种商贸活动，实现随时随地、线上线下的购物与交易，在线电子支付以及各种交易活动、商务活动、金融活动和相关的综合服务活动等。

随着移动通信技术和计算机的发展，移动电子商务的发展已经经历了三代。

第一代移动商务系统是以短讯为基础的访问技术，这种技术存在着许多严重的缺陷，其中最严重的问题是实时性较差，查询请求不会立即得到回答。此外，由于短讯信息长度的限制也使得一些查询无法得到一个完整的答案。这些令用户无法忍受的严重问题也导致了一些早期使用基于短讯的移动商务系统部门纷纷要求升级和改造现有系统。

第二代移动商务系统采用基于无线应用通信协议（WAP）技术的方式，手机主要通过浏览器的方式来访问 WAP 网页，以实现信息的查询，部分地解决了第一代移动访问技术的问题。第二代移动访问技术的缺陷主要表现在 WAP 网页访问的交互能力极差，因此限制了移动电子商务系统的灵活性和方便性。此外，WAP 网页访问的安全问题对于安全性要求极为严格的政务系统来说也是一个严重的问题。这些问题使得第二代技术难以满足用户的要求。

第三代的移动商务系统采用了基于面向服务体系结构（SOA）的 Web 服务（web service）、智能移动终端和移动虚拟专用网络（VPN）技术相结合的第三代移动访问和处理技术，使得系统的安全性和交互能力有了极大提高。第三代移动商务系统同时融合了 3G 移动技术、智能移动终端、VPN、数据库同步、身份认证等多种移动通信、信息处理和计算机网络的最新前沿技术，以专网和无线通信技术为依托，为电子商务人员提供了一种安全、快速的现代化移动商务办公机制。

2. 移动电子商务的特点

（1）方便。移动终端既是一个移动通信工具，又是一个移动销售终端（POS）机和移动的银行自动取款机（ATM）。用户可在任何时间、任何地点进行电子商务交易或办理银行业务。

（2）移动电子商务不受时空控制。移动商务是电子商务从有线通信到无线通信、从固定地点的商务形式到随时随地的商务形式的延伸，其最大优势就是移动用户可随时随地获取所需的服务、应用、信息和娱乐，可以在自己方便的时候使用智能手机或 Pad 查找、选择及购买商品或其他服务。

（3）安全。使用手机银行业务的客户可依靠银行可靠的密钥对信息进行加密，传输过程全部使用密文，确保了安全可靠。

（4）开放性和包容性。移动电子商务因为接入方式无线化，使得任何人都更容易进入网络世界，从而使网络范围延伸得更广阔、更开放；同时，使网络虚拟功能更具现实性，因而也更具有包容性。

（5）潜在用户规模大。目前我国的移动电话用户总数已接近13亿，4G用户达到8亿，是全球之最。显然，从电脑和移动电话的普及程度来看，移动电话远远超过了电脑；而从消费用户群体来看，手机用户中基本包含了消费能力强的中高端用户，而传统的上网用户中以缺乏支付能力的年轻人为主。由此不难看出，以移动电话为载体的移动电子商务不论在用户规模，还是在用户消费能力上，都优于传统的电子商务。

（6）易于推广使用。移动通信灵活、便捷的特点决定了移动电子商务更适合大众化的个人消费领域，如自动支付系统，包括自动售货机、停车场计时器等；半自动支付系统，包括商店的收银柜机、出租车计费器等；日常费用收缴系统，包括水、电、煤气等费用的收缴等；移动互联网接入支付系统，包括登录商家的 WAP 站点购物等。

■■■ （五）O2O 电子商务

O2O 是指将线下的商务机会与互联网结合，让互联网成为线下交易的平台。这个概念最早来源于美国，其概念非常广泛，既可涉及线上，又可涉及线下。

1. 发展历程

这种电子商务模式需具备五大要素：独立的网上商城、国家级权威行业可信网站认证、在线网络广告营销推广、全面社交媒体与客户在线互动、线上线下一体化的会员营销系统。

在 1.0 早期的时候，O2O 线上线下初步对接，主要是利用线上推广的便捷性把相关用户集中起来，然后将线上的流量倒到线下，其主要领域集中在以美团为代表的线上团购和促销等。在这个过程中，存在着单向性及黏性较低等特点，平台和用户的互动较少，基本上以交易的完成为终结点，用户更多的是受价格等因素的驱动，购买和消费频率也相对较低。

发展到 2.0 阶段后，O2O 基本上已经具备了目前大家所理解的要素。这个阶段最主要的特色就是升级为服务性电商模式，包括商品（服务）、下单、支付等流程，把之前简单的电商模块转移到更加高频和生活化的场景中来。由于传统的服务行业一直处于一个低效且劳动力消化不足的状态，在新模式的推动和资本的催化下，出现了 O2O 的狂欢热潮，上门按摩、上门送餐、上门生鲜、上门化妆、滴滴打车等各种 O2O 模式层出不穷。在这个阶段，由于移动终端、微信支付、数据算法等环节的成熟，加上资本的催化，用户出现了井喷，使用频率和忠诚度开始上升，O2O 开始和用户的日常生活相融合，成为与人们生活密不可分的一部分。但是，在这中间，由于资本大量补贴等因素，有很多看起来很繁荣的需求实为虚假的泡沫，掩盖了真实的状况。

到了 3.0 阶段，开始出现了明显的分化。一方面是垂直细分领域的一些公司开始凸显出来，如专注于快递物流的速递易、专注于高端餐厅排位的美味不用等，专注于白领快速取餐的速位。另一方面就是垂直细分领域的平台化模式发展，由原来细分领域解决某个痛点的模式开始横向扩张，覆盖到整个行业。

比如饿了么从早先的外卖到后来开放的蜂鸟系统，开始正式对接第三方团队和众包物流。以加盟商为主体，以自营配送为模板和运营中心，其配送品类包括生鲜、商超产品，甚至是洗衣等服务，实现了平台化的经营。

2. 应用价值

这种模式的优势在于把网上和网下的优势完美结合。通过网购导购机，把互联网与地面店完美对接，实现互联网落地，让消费者在享受线上优惠价格的同时，又可享受线下贴身的服务。同时，还可实现不同商家的联盟。

（1）充分利用了互联网跨地域、无边界、海量信息、海量用户的优势，同时充分挖掘线下资源，进而促成线上用户与线下商品或服务的交易。

（2）可以对商家的营销效果进行直观的统计和追踪评估，规避了传统营销模式推广效果的不可预测性，将线上订单和线下消费结

合，所有的消费行为均可以准确统计，进而吸引更多的商家，为消费者提供更多优质的产品和服务。

（3）在服务业中具有优势，价格便宜，购买方便，且能及时获知折扣信息等。

（4）能拓宽电子商务的发展方向，由规模化走向多元化。

（5）打通了线上线下的信息和体验环节，让线下消费者避免因信息不对称而遭受的"价格蒙蔽"，同时实现线上消费者的"售前体验"。

整体来看，如果 O2O 模式运行得好，将会达成"三赢"的效果。对本地商家来说，消费者网站支付的支付信息会成为商家了解其购物信息的渠道，方便商家对消费者购买数据的搜集，进而达成精准营销的目的，更好地维护并拓展客户。通过线上资源增加的顾客并不会给商家带来太多的成本，反而带来更多利润。此外，在一定程度上降低了商家对店铺地理位置的依赖，减少了租金方面的支出。对消费者而言，该模式提供了丰富、全面、及时的商家折扣信息，使他们能够快捷筛选并订购适宜的商品或服务，且价格实惠。对服务提供商来说，可带来大规模高黏度的消费者，进而能争取更多的商家资源，掌握庞大的消费者数据资源。此外，本地化程度较高的垂直网站还能为商家提供其他增值服务。

任务三　电子商务的功能及特点

一、电子商务功能

电子商务可提供网上交易和管理等全过程的服务，因此，它具有广告宣传、咨询洽谈、网上定购、网上支付、电子账户、服务传递、意见征询、交易管理等各项功能。

1. 广告宣传

电子商务可凭借企业的 Web 服务器和客户的浏览，在互联网上发布各类商业信息，客户可借助网上的检索工具迅速找到所需商品信息，而商家可利用网上主页和电子邮件在全球范围内进行广告宣传。与以往的各类广告相比，网上的广告成本最为低廉，给顾客的信息量却最为丰富。

2. 咨询洽谈

电子商务可借助非实时的电子邮件、新闻组和实时的讨论组来了解市场和商品信息、洽谈交易事务，如有进一步的需求，还可用网上的白板会议（whiteboard conference）来交流即时的图形信息。网上的咨询和洽谈能超越人们面对面洽谈的限制，提供多种方便的异地交谈形式。

3. 网上订购

电子商务可借助 Web 中的邮件交互传送实现网上的订购。网上的订购通常都是在产品介绍的页面上提供十分友好的订购提示信息和订购交互格式框。当客户填完订购单后，通常系统会回复确认信息单来保证订购信息的收悉。订购信息也可采用加密的方式使客户和商家的商业信息不被泄漏。

4. 网上支付

电子商务要成为一个完整的过程，网上支付是重要的环节。客户和商家之间可采用信用卡账号实施支付，在网上直接采用电子支付手段将可省略交易中的很多人员开销。网上支付需要更为可靠的信息传输安全性控制以防止欺骗、窃听、冒用等非法行为。

5. 电子账户

网上的支付必须要有电子金融来支持，即银行或信用卡公司及保险公司等金融单位要为金融服务提供网上操作的服务。电子账户管理是其基本的组成部分，信用卡号或银行账号都是电子账户的一种标志，其可信度需配以必要技术措施来保证，如数字凭证、数字签名、加密等，这些手段的应用提供了电子账户操作的安全性。

6. 服务传递

对于已付款的客户，应将其订购的货物尽快传递到他们的手中。有些货物在本地，有些货物在异地，电子邮件能在网络中进行物流的调配。最适合在网上直接传递的货物是信息产品，如软件、电子读物、信息服务等，能直接从电子仓库将货物发到用户端。

7. 意见征询

电子商务能十分方便地采用网页上的选择、填空等格式文件来收集用户对销售服务的反馈意见，这样可使企业的市场运营形成一个封闭的回路。客户的反馈意见不仅能提高售后服务的水平，还可使企业获得改进产品、发现市场的商业机会。

8. 交易管理

整个交易的管理涉及人、财、物多个方面，包括企业和企业、企业和客户及企业内部等各方面的协调和管理。因此，交易管理是涉及商务活动全过程的管理。电子商务的发展将会提供一个良好的交易管理网络环境及多种多样的应用服务系统，以保障电子商务获得更广泛的应用。

二、电子商务的特点

1. 市场全球化

凡是能够上网的人，都将被包容在一个市场中，有可能成为上网企业的客户。

2. 交易的快捷化

电子商务能在世界各地瞬间完成传递与计算机自动处理，而且无需人员干预，加快了交易速度。

3. 交易虚拟化

双方从开始洽谈、签约到订货、支付等，无须当面进行，均通过计算机互联网络完成，整个交易完全虚拟化。

4. 成本低廉化

由于通过网络进行商务活动的信息成本低，足不出户，可节省交通费，且减少了中介费用，因此整个活动的成本大大降低。

5. 交易透明化

电子商务中双方的洽谈、签约，以及货款的支付、交货的通知等整个交易过程都在电子屏幕上显示，因此显得比较透明。

6. 交易标准化

电子商务的操作要求按统一的标准进行。

7. 交易连续化

国际互联网的网页可以实现 24 小时服务，任何人都可以在任何时候向网上企业查询信息、寻找问题的答案。企业的网址成为永久性的地址，为全球用户提供不间断的信息源。

案例 1-1

揭阳式农村电子商务成功案例

广东揭阳市锡场镇军埔村一群"85 后"的年轻人，将淘宝店开得风生水起。"军埔村的特别之处在于，几乎每个食品厂旁边都有一家淘宝店。"国道 206 军埔路口 50 米外，是广东揭阳揭东区锡场镇军埔村的村口。到 2013 年，全村 490 多户村民已开了 1 350 多家网店，经营的商品主要依托揭阳金属不锈钢制品、服装、玉器等六大传统优势产业。

概括起来，揭阳式农村电子商务的模式是"一基地""两个大赛"和"三个工程"。

"一基地"是指打造面向全国的电商免费培训基地。把全市的电商培训全部集中到军埔村，让军埔村成为电商培训的集聚区、"大学城"。"两大赛"是指举办中国电商好讲师邀请大赛和中国电商人才擂台大赛。通过"一基地""两大赛"的方式吸引全国电商人才到揭阳市。"三工程"是指推进电商下乡、电商进厂和跨境电商三大工程。揭阳实施电商下乡工程后、已建成县级淘宝服务中心 3 个、农村淘宝服务站 414 个，其中揭东区和揭西县已实现全覆盖，军埔成为中国最具影响力的淘宝村之一。电商进厂工程引导企业上网触电，以电商推动供给侧改革。跨境电商工程则与德贸电商工程建设合作，在揭阳建保税仓，把德国产品拿到揭阳来卖，同时把中国货卖到德国去。

复习思考题：

1. 电子商务的产生发展过程经历了哪些阶段？

2. 电子商务有哪些特点？

3. 列举并浏览知名的不同类型的电子商务网站，认识电子商务网站。

4. 举出你身边运用电子商务的例子，说明电子商务是如何改变人们的生产或生活的。

模块二 农村电子商务

[引例]

"舌尖上的浪漫"助农销售红糖

2009年10月，作为浙江省义乌市上溪镇黄山五村村委会主任的助理，陈露霞连续三年参加公务员考试都以失败告终，连续多次受挫的她决定赶个潮流，也开个网店，恰好家里有人曾经在糖果店工作过，对糖果这一行业了解多一些，于是，她便决定开一个与糖有关的店铺。说干就干，陈露霞以6 000元为启动资金，购买了各个大品牌的喜糖、零食等食品，包括附属产品，如喜糖盒、请帖等，为办喜事的客户提供专业的选择喜糖服务。2012年，她的网店"舌尖上的浪漫"正式营业。

正所谓万事开头难，陈露霞的网店也是这样，店铺刚开始的经营业绩很差，一星期只有两三个订单。同时，因订单数量少，快递也不愿意上门取货，邮寄快递时还要拿到朋友家代发。然而，经过一年多的悉心经营，陈露霞的网店已经有了两个皇冠的信誉，平均每天有六七十笔订单，为了维护日常的运作，还专门雇了四个人，平均每月可达30余万元的营业额。与此同时，因为网店的信誉高，陈露霞还会趁着村里季节性特产红糖类麻花上市之际，帮助村民在网上销售本地生产的红糖类食品，销售量达1 000余千克。据陈露霞表述，她要认真坚持做好线上淘宝，积累一定的资金后，开一家实体店做批发生意，线上线下双管齐下。

任务一 农村电子商务概述

一、农村电子商务的基本概念

1. 农村电子商务的含义

农村电子商务指的是围绕农村的农产品生产、经营而开展的一系列电子化的交易和管理活动，包括农业生产的管理、农产品的网络营销、电子支付、物流管理以及客户关系管理等。它是以信息技术和网络系统为支撑，对农产品从生产地到顾客手上进行全方位管理的全过程。通过网络平台为农村资源嫁接各种服务，拓展农村信息服务业务和服务领域，使之兼而成为遍布乡、镇、村的"三农"信息服务站。

农村电子商务平台配合密集的乡村连锁网点，以数字化、信息化的手段，通过集约化管理，市场化运作，成体系的跨区域、跨行业联合，构筑紧凑而有序的商业联合体，降低农村商业成本，扩大农村商业领域，使农民成为平台的最大获利者，使商家获得新的利润增长点。

2. 农业电子商务的含义

农业电子商务是指利用互联网、计算机、多媒体等现代信息技术，为从事涉农领域的生产经营主体提供网上完成产品或服务的销售、购买和电子支付等业务交易的过程。农业电子商务是一种全新的商务活动模式，它充分利用互联网的易用性、广域性和互通性，实现了快速又可靠的网络化商务信息交流和业务交易。农业电子商务是一个涉及社会方方面面的系统工程，包括政府、企业、商家、消费者、农民以及认证中心、配送中心、物流中心、金融机构、监管机构等，通过网络将相关要素组织在一起，其中信息技术扮演着极其重要的基础性角色。

在传统的社会经济活动过程中，一直就存在两类经济活动形式：一个是企业之间的经济活动，一个是企业和消费者之间的经济活动。从经济活动来说，无论是企业之间，还是企业与个人之间，只存在两种经济活动内容，一种是提供产品，一种是提供服务。

3. 农村移动电子商务的定义

农村移动电子商务是指在建立农村移动电子商务平台的基础上，通过手机终端和农信通电子商务终端，建立起覆盖县城大型连锁超市、乡镇规模店、村级农家店的现代农村流通市场新体系，推进工业品进村、农产品进城、门店资金归集三大应用，实现信息流的有效传递、物流的高效运作、资金流的快捷结算，促进农村经济发展。以农产品进城为例，之前农产品的买方与卖方缺少信息沟通与交易的第三方中介，信息沟通与农产品交易不畅。推广农村移动电子商务后，农产品生产方（农户）与农产品购买方（城区超市）将建立起信息交互新模式，城区超市配送中心通过农信通电子商务终端向农村门店发出农产品收购需求，农村门店将信息发送到种养、购销大户手机上，确认采购意向后，再与城市超市配送中心确认订单，种养大户将相应农产品供应至农家店，城区超市配送中心在配送工业品的同时收购农产品返回城市。

二、农村电子商务的特征

1. 高普遍性

农村电子商务作为一种新兴的交易形式，不但在农村的中小企业间快速蔓延，也迅速走进了农村的千家万户，只要有一台电脑、一部手机就可以随时随地在这个无形的网络大市场中自由交易。

2. 高便捷性

互联网技术使世界变成一个统一的整体，人们利用互联网的各种功能为生产和生活带来了极大的便利，电子商务也不例外，无论是 B2B 模式，还是 B2C 和 C2C 模式，都是人们在线交易和购物极为便利的选择。利用电子商务交易节省了很多人力、物力和财力的支出，人们也可不必再受地域的限制，以极简捷的方式轻松地完成了过去繁杂的交易活动。

3. 高安全性

计算机网络系统是一个高度开放且存在众多网络安全威胁的系统，开展电子商务交易，必须要有一个高度安全的网络交易环境才能确保自身商业机密不被泄露和交易双方交易信息的安全。为应对这一特殊需要，各涉农电子商务网站都将自身的网络安全视为重中之重，推出了例如防火墙、加密钥匙、安全过滤等安全措施，从而确保网络环境的安全性。

4. 高效益性

在过去，一笔交易的形成往往伴随着许多交易部门的参与和促成，交易的完成不仅是一笔交易，还是许多交易部门共同促成的结果。涉农电商这一无形的超级大市场可促使农村的中小企业减少库存积压、降低库存成本，还可以通过电子商务实行网上交易，直接减少交易成本。

5. 可扩展性

虽然农村中小企业运用电子商务技术是一个循序渐进的过程，但各企业电子商务的各种解决方案必须随着客户需求的变化而变化，随着企业业务需求的发展以及市场环境和管理环境的变化而进行扩展或调整。要本着一切为客户考虑的原则，以提高客户的满意度为终极目标，给电子商务的交易留有足够的余地和空间，随时随地伸缩延展。

三、农村电子商务在农村经济社会转型中的作用

1. 改变农村从业者传统的社会身份

通过在网上开店持续从事电子商务经营，越来越多的村民放弃了几千年来"面朝黄土"的劳作方式，改变了他们原来"日出而作、日落而息"的生活方式。他们用鼠标、键盘代替了锄头，按用户网络购物的时间调整自己的作息，足不出户地在网上做生意，以网上订单组织生产和销售活动，通过经营活动的变化改变了他们传统的社会身份。更有一些经营规模快速成长的农村网商，通过雇佣

关系变身为老板。

2. 提高从业者和相关农户的经济收入

涉农电子商务明显提高了当地从业者的收入水平，使自己和相关参与者的经济生活发生了巨大的改变。

3. 提高农民组织化水平

农村电子商务的开展有助于改善当地农民和农业生产组织化的状况。当地农民利用各种不同的经营方式，或直接或间接地通过电子商务平台对接市场，让原本分散的农民提高了组织化水平。

（1）发展了乡镇，尤其是村级的信息点和信息员。

（2）发展了草根物流。由于自然条件和经济条件的限制，在许多农村地区，物流快递都难以深入覆盖到村。电子商务营业经营模式的发展使得物流快递状况逐步改善。

（3）有助于发展农民专业合作组织。这主要是通过专业合作社和协作等方式实现的。

4. 助力农民返乡创业与就近就业

在我们了解的许多自下而上式的涉农电子商务案例中，各地农村从事电子商务的领军人物和中坚力量多为有较高文化、较多阅历的"农二代"，他们或在外地接受了较高学历的教育，或有过在大城市、大企业打工的经历，或有过创业和管理的经验。当他们选择返乡通过电子商务创业并初见成效后，便引起周围乡民的纷纷效仿，从而产生一种"滚雪球"的效应，带动许多人返乡创业和就近就业。农村电子商务的这种普及效应显然得益于农村"熟人社会"特有的有利于知识和技术传播的社会土壤。农村电子商务不仅让更多的农村人口返乡或留在农村发展，而且还吸引周边村镇的农民前来就业，甚至吸引众多外地人前来落户。

农民返乡创业和就近就业带动了当地经济和社会的发展，使传统的农村显现出小城镇的雏形，其中，服务业的发展扮演了重要的角色。除了返乡人员带回新的劳动方式和生活方式，成为服务业发展的动力外，外来人口的进入和落户更是对当地服务业的发展起到直接推动作用。

5. 改善农民家庭生活质量和农村社会面貌

由外出打工到返乡创业的农村人口，大都是农村中年龄结构、文化结构处于最佳阶段的人群。他们返乡创业和就近就业后，不用再背井离乡进城打工，直接给他们的家庭生活质量带来了明显改善。现在，随着大量外出务工者反向从事电子商务，使"空巢家庭""空巢村"带来的很多社会问题迎刃而解，村民家庭生活发生了巨大变化，村镇面貌也因此焕然一新，治安状态也大为改善。这不仅有利于和睦家庭、和睦乡里，而且也将造福整个社会。外出打工者的回归，还为当地农村社会管理和公共事务注入了蓬勃生机。

6. 提升农民网商的素质和幸福感

农民开展电子商务需要克服文化知识、劳动方式乃至思想方式上的限制。越来越多的成功案例纠正了人们关于农民文化水平低、不适于从事电子商务的偏见，而且显示出涉农电子商务包容性的发展特征，让越来越多的农民体会到实现人生价值的幸福感。所以说，农民网商创业带给他们的不仅仅是经济收入，还有个人价值的实现、自信和尊严。

7. 农村经济社会的"转基因工程"

涉农电子商务助力农村经济社会转型的作用，可以归结为改变了结构、赋能于"细胞"、转变着"基因"。也就是说，电子商务助力农村经济社会转型的作用已不仅限于农村经济社会活动的表层，而是改变了其深层结构，并且作用于和体现在农村经济社会的"细胞"和"基因"上。

（1）改变了结构。通过网络的介入，打破了"公司＋农户"信息不对称的结构，为农户了解和把握市场变化提供了一种新的可能和现实手段。他们既可以不通过传统公司的中介而直接对接大市场，也因掌握了更多的信息，可以在与中介公司打交道时有了更多的话语权。农村电子商务不仅为农户带来交易半径、交易规模等方面的量变，而且更重要的是带来质变，即改变了农户对接大市场时在订单和定价上原有的权力对比格局。

（2）赋能于"细胞"。电子商务的赋能，对于作为农村经济社会"细胞"的农民网商来说，已不再是一个外生因素，不再是政府或信息科技（IT）公司推送给他们的可有可无的东西，而已经成为他们根据自己内心的需求主动选择所形成的劳动方式和生活方式。电子商务与他们这些农村经济社会的新"细胞"已经不可分离。

（3）转变着"基因"。电子商务的赋能影响之深，正在转变着农村经济社会发展的"基因"，它让农民网商及身边越来越多的乡亲们收获其祖辈从未有过的信息化带来的感悟。他们的感悟和自信代表着信息时代我国农民新的发展观、资源观和价值观。其实质内容，就是用智慧建设新农村，以信息化转变农民的收入方式，还农民以应有的平等与尊严。

任务二　农村电子商务的发展现状

一、我国农村电子商务的发展现状

农村的发展是国家经济发展、社会稳定的基础保障。农村电子商务的发展促进了农产品进城、城市消费品下乡，提高了农村的经济发展水平，带动了当地产业的发展，进而改善了城乡二元结构，缩小了城乡差距。

在我国，电子商务最初从东部沿海城市发展壮大，并不断地向全国扩散，覆盖了所有城市。近些年，电子商务逐步向农村渗透，淘宝村、淘宝镇等如雨后春笋般层出不穷，为农村的经济发展带来了新动力。乡村在电子商务及互联网的推动下，成为大大小小的节点，进入全国甚至全球的生产链条和生活体系。

随着智能手机在农村的普及以及互联网在农村的渗透不断加深，城乡信息鸿沟逐渐缩小，农村电子商务的发展步伐不断加快，这不但丰富了农民的物质生活，也使当地农产品通过网络销往全国甚至全球。农村电子商务的发展提高了当地农民的收入，反过来，农民收入的提高又使他们有更强的消费能力，这样相互促进，形成良性循环，推动农村电子商务加速发展。在农村电子商务快速发展的过程中，也遇到了很多的挑战，农产品同质化比较严重、乡村物流配送体系不完善、农村电子商务人才匮乏、供应链体系尚不成熟等因素都是以后需要解决的问题。我们相信这些挑战会随着中国电商市场的不断成熟一个个被消化。总之，电子商务已经影响到我们每一个人，渗透到我们生活的每一个角落，并不断地发挥着它强大的影响力。

1. 农村网民状况

截至 2016 年 6 月，我国网民中农村网民占比 26.9%，规模为 1.91 亿人；城镇网民占比 73.1%，规模为 5.19 亿人，较 2015 年年底增加 2 571 万人，增幅为 5.2%。

农村互联网普及率保持稳定，截至 2016 年 6 月，农村互联网普及率为 31.7%。城镇地区互联网普及率超过农村地区 35.6 个百分点，城乡差距仍然较大。

2. 农村网购规模

据商务部统计数据，2015 年农村网购市场规模达 3 530 亿元，同比增长 96%；2016 年全年农村网购市场规模达 6 475 亿元。自 2016 年以来，农村网络零售额持续快速增长，增速明显超过城市，一季度农村网络零售额 1 480 多亿元，二季度进一步上升到 1 680 多亿元，环比增长 13.48%，高出城市网络零售环比增速 4 个百分点以上；农村网络零售额在全国网络零售额的占比持续提升，上半年已经占到 14.14%。

3. 全国电商园区数量

截止到 2016 年 3 月，全国电子商务园区数量达 1 122 家，同比增长约 120%，显示全国电子商务园区建设热潮仍在持续。浙江、广东和江苏是全国电商园区最多的省份。

4. 农村网络建设

根据工信部的统计，截至 2015 年 3 月，我国 93.5% 的行政村已经开通宽带。农村光缆到村、光纤入户快速推进，到 2015 年年底，江苏省已经实现农村数据热点区域的有效覆盖，对全部

3A 级以上景区实现全覆盖，人口覆盖率达到 85％，数据业务需求覆盖率到 95％；四川省"农村家庭 4M 及以上宽带接入能力"指标达到了 99.4％；湖南省推动实施"六大工程"，通过多种举措有效解决了贫困地区信息通信网络覆盖问题；海南省农村宽带用户同比增长 20.9％，连续第五年快于城市宽带发展。在我国网购市场规模突破万亿之后，城市网购市场增速逐渐放缓，农村网络通信状况的改变，为电子商务的持续增长奠定了坚实的基础。

但从全国情况看，乡村光网数量仍显不足。很多偏远农村还没有宽带接入，网络建设的步伐较为落后；面向"三农"的信息网站、数据平台和应用都比较少，城乡之间的"信息化鸿沟"依然明显存在；农村电商的信息应用落后于需求。同时，各地农村电商基础建设的发展水平相差很大，极不平衡。为此，工业和信息化部启动了"宽带中国"2015 专项行动，明确提出：城市提速升级与农村普遍服务同步推进。在城市不断推进宽带普及提速，带动我国宽带整体水平不断提升的同时，逐步加大公共财政对农村地区宽带发展的支持力度，努力推动缩小城乡"数字鸿沟"。2015 年，农村及偏远地区宽带建设得到了专项资金的支持。

5. 农产品电商

自 1995 年以来，我国农产品电商经过 20 多年的发展，已初步形成了包括涉农网上期货交易、涉农大宗商品电子交易、涉农 B2B 电子商务网站以及涉农网络零售平台等在内的多层次涉农电子商务市场体系和网络体系。

（1）网上农产品期货交易市场。2015 年，我国网上商品期货交易总额达 136.47 万亿元，其中农产品期货交易品种达 21 个，交易额为 48.7 万亿元，约占商品期货市场交易总量的 36％。

（2）农产品大宗商品电子交易市场。2015 年，全国农产品大宗商品交易市场达到 402 家（农林牧副渔市场），约占全国大宗商品交易市场总量的 40％，涉农电商交易额超过 20 万亿元。

（3）生鲜农产品网络交易市场。2015 年，生鲜农产品网络交易市场交易额达到 544 亿元，增长 87.7％，2018 年预计超过 1 500 亿元。

（4）食材农产品电子商务市场。2012 年以来，我国 B2B 食材供应平台产生；2014—2015 年，食材农产品电商成为一种比较时尚的电商现象，主要针对下游餐厅提供配货服务，通过为多家餐厅集中采购来获得议价权，并提供物流服务，从而为下游降低成本，也提高了餐饮的经济和社会效率。

（5）农产品网上购销对接会。2015 年，商务部分别组织了夏秋季和冬季农产品网上购销对接会，交易额共计 76.6 亿元。其中，夏秋季农产品网上购销对接会共有 28 个省（自治区、直辖市）的 335 个县（市、区）商务主管部门上报农产品供求信息 43.6 万条，涉及农产品品种 768 种，促成农产品销售 47 万吨，成交金额 36.8 亿元；冬季农产品网上购销对接会共有 28 个省（自治区、直辖市）的 296 个县（市、区）商务主管部门上报农产品供求信息 55.1 万条，涉及农产品品种 809 种，促成农产品销售 47.5 万吨，成交金额 39.8 亿元。

6. 农资电商发展情况

我国农资市场较大，但农资电商相对滞后。具体来说，我国农资市场容量超过 2 万亿元，其中化肥 7 500 亿元、农药 3 800 亿元、农机 6 000 亿元、种子 3 500 亿元，农资电商相对滞后。虽然农资电商网站较少、交易额较小、所占比较小，但它是涉农电商的一个蓝海，具有巨大的发展潜力。

自 2008 年以来，我国品牌农资企业就开始探索电子商务，农资电商模式百花齐放，主要有第三方电商平台模式（云农场、农一网等）、农资企业自营模式（鲁西化工"中国购肥网"、中化化肥"买肥网"）等。从 2014 年开始，农化企业相继推出了电商领域投资计划，采取线上线下结合的方式发展农资电商。2015 年，随着阿里、京东、诺普信、金正大、云农场等"互联网＋"及"＋互联网"企业的突然发力，农资电商异常火爆。2015 年可称为是我国农资电商的元年，全国农资电子商务交易额超过 150 亿元，比

2014 年增长了 5 倍。

农资电商也探索了一些新的运行模式。云农场采用电子购物平台模式（B2B2C），经营化肥、种子、农药、农机等，并提供其他增值服务。农集网以 B2B 模式为主，主要针对农资零售商，打通农资销售的线上线下，同时强化品牌的渠道管理。农田田圈整合了上游农资厂商和中游经销零售商，优化了产业链环节，帮助用户智慧选择商品，降低采购费用。

7. 农村日用品电商发展情况

目前，在一、二线城市网购渗透率已经接近饱和的情况下，三、四线市场以及农村市场的网购需求正旺盛，2015 年全国农村地区网购交易额达到 3 530 亿元，同比增长了 96%，整体发展势头良好。

截至 2015 年年底，我国共有涉农网站 3 万多家，新增网店 118 万家，在全国 1 000 个县里，已经建成了 25 万个电商村级服务点。

二、我国农村电子商务发展面临的机遇

1. 庞大的人口基数带来的巨大市场规模

国家统计局发布的数据显示，截至 2015 年年末，中国乡村常住人口为 60 346 万人，占总人口的 43.9%。前文已经提到，截至 2016 年 6 月，我国农村网民规模为 1.91 亿人，互联网普及率仅为 31.7%，远低于城镇 67.2% 的普率。未来 10 年内，会有大量的农民上网，同时互联网普及率也会不断提高。我国商务部发布的数据显示，2015 年我国农村地区网购交易额达到 3 530 亿元，同比增长了 96%。未来几年，农村网购规模依然会保持高速增长势头，农村电商发展态势良好，社会资本积极介入，农村电商成为不少地方"区域经济"发展的重要引擎。

2. 农村居民人均收入不断提高

根据国家统计局公布的数据，2015 年，我国农民人均收入突

破万元大关，达到 10 772 元，比上年名义增长 8.9%，增幅连续 6
年高于国内生产总值（GDP）和城镇居民收入增幅。"十二五"期
间，我国农村居民人均纯收入保持着高速增长势头，虽然每年的增
长幅度有所收窄，但依然高于 GDP 的增幅，农村居民收入的不断
提高自然会使农民拿出更多的收入用于消费。

三、我国农村电子商务发展面临的挑战

国家政策的鼎力支持、各大企业的战略布局、浓厚的创业氛围
都为农村电子商务的快速发展奠定了良好的基础。农村电子商务如
今虽然发展得如火如荼，带动了越来越多的年轻人就业，也使很多
贫困村脱贫，但依然面临很多挑战。

1. 产品同质化严重，质量标准认证难

随着电子商务在农村渗透的不断加快，越来越多的农民逐渐触
网并从事电子商务，产品种类也在不断增加，但产品同质化现象严
重。同质化必然会导致以低价为主要竞争手段，疲劳促销、疲劳消
费使营商环境变得恶劣，出现"劣币驱逐良币"现象，优质农产品
不能优价，农民的农产品卖不出去或者卖不出好价钱，资源浪费严重。

如今网上的农产品很多处于粗加工阶段，拥有质量安全（QS）
认证的农产品企业较少，"三品一标"农产品也是鱼目混珠，农村
电商特色产品的生产普遍存在"小而散"的特点。目前，适应电商
的农产品质量、分等分级、产品包装、物流配送、业务规范等标准
化体系尚未建立，不利于农村电商的健康发展。

2. 物流配送体系仍需完善

村级快递网点少，适合乡村特点的县（镇）至村的二级物流网
络还未形成，农村基础设施的不完善也提高了物流成本。此外，部
分农产品配送需要冷链物流，而冷链物流体系在我国发展滞后，难
以按时保质地将农村生鲜产品配送到客户需要的地方。

3. 农村电子商务人才匮乏

农村电商的发展离不开人才的核心驱动，需要既懂农村又懂互

41

联网的人才。当前的电商市场是一个操作性和实践性要求非常高的领域，我国电商人才的培养模式基本上难以满足当下电商发展的实际情况，尤其是涉及技能型、运营管理型的电商人才，需要经过多年的电商实践才能在电商领域有所成绩，而这并不是传统的电商教育能够满足的。此外，农村电商发展起步较晚、基础设施不完善、薪资待遇不佳等因素导致其难以吸引到优秀人才。

4. 供应链体系尚不成熟

电商压缩了农产品流通的中间环节，但对供应链两端的组织能力提出了更高的要求，线下的供应链是农产品电商发展的关键，是连接上游与下游的关键节点。目前，虽然农产品电商的创业非常活跃，但电商供应链各环节的互动联合与分工协作机制尚未形成，线上与线下的融合还存在很多障碍。

由于农产品的季节性、分散性、易腐性，它对供应链提出了很高的要求。目前，大量离散的农业电商创业者之间的供需信息不能整合，供应链的前端与后端无法形成规模化的供应集聚和需求集合，产地与销地之间的网络卖家未能有效联合，电商的效率与成本优势难以显现。

四、中国农村电子商务未来的发展趋势

1. 农村电商保持快速发展势头

随着涉农电子商务的不断发展，农村电子商务交易额在农产品销售中的占比会持续提高。预计未来 5 年，我国农业电商交易额将占农产品交易额的 5%。同时，随着"三网融合"、物联网、大数据、云计算等创新技术的广泛应用，涉农电商模式将向多样化发展，与智能农业、智能流通、智能消费连接成一个有机的整体，涉农电商服务环境日趋改善。

我国每年有 1 900 亿美元的农产品进出口业务，农产品跨境电子交易将发挥越来越重要的作用。跨境电子商务的迅猛发展也带动了农村电商的升级转型。大量的跨境电商卖家着手将生产点布局在广泛的农村，一方面帮助农村电商实现产品升级和市场升级，另一方面也发挥了跨境电子商务的成本优势，使农村电商和跨境电子商务的发展可以相互促进。

未来，跨境电子商务将从沿海向内地拓展，从城市向农村渗透，国际化将成为更多农村电商的重要选择，它将成为农村电商克服同质化、实现升级转型的重要路径。

2. 农村电商服务环境日趋改善

随着电子商务产业的发展，各类专业服务商开始进入农村，提供货源供给、仓储、摄影摄像、图片处理、网店装修代运营、策划运营、融资理财、支付、品牌推广与管理咨询、人才培训、物流、法律等一系列服务，各类主流的电商模式，如 B2B、B2C、C2C、C2B、O2O 以及微电商、本地生活、跨境电商等在涉农电子商务领域全面涌现。

打通农村电子商务"最后一公里"，中国各地农村都在加紧建设电商服务站，政府、市场、社会组织和个人都将成为涉农电商公共服务的提供者或中介者。涉农电商的生态环境将不断得到改善，通过调动各方力量，提高服务质量，逐步打破农民"面朝黄土背朝天"的传统经营思路。

3. 农村电商产业链不断延伸

为了避免同质化竞争，一些涉农电商企业开始拓展产业链，从零售商转为分销商，从单纯的渠道商转为品牌商，从原材料采购到设计，寻找生产厂家代工，最后将货品分销给其他小型网商，逐步建立以品牌商、批发商、零售商为主体的电商纵向产业链层级。

有些农民自己办加工厂，自产自销；有些农民则专做网络分销，只负责网点的销售、客服等工作，进货、生产、发货等由生产厂家统一处理，农村电商的交易类型开始从单一的网络零售向复合模式转变。提升设计水平，引导产品潮流，实现产品多样化；向两端拓展，原材料往大宗商品交易发展，中间产品向单品电商化发展，成品注重设计研发，依托现有交易平台来实现产品的零售或批发。

4. 涉农电商线上线下融合趋势

2016 年，农产品批发市场将发挥线下实体店的物流、服务、体验等优势，推动实体与网络市场融合发展，实现线下实体市场的转型，网商批发市场已经成为连接卖家和传统销售市场的重要中介组织。在农产品交易中，消费者往往需要多品种、小批量，而农产品则以少品种、大批量为主要特色，网商的需求与当地供应商之间存在着信息不对称。网商批发市场很好地解决了这一问题，一方面，以多品种、多数量的方式进货，以多品种、少数量的方式为网商提供产品，解决了网商所面临的商品需求与供给信息不对称的问题；另一方面，对于农产品而言，产品的存储是保障产品质量的重要环节，实体批发市场以专业的仓储和库存进一步为网商降低了存货成本和经营风险。此外，越来越多的农村网商卖家进驻第三方电商平台，通过代工与线下实体销售商合作，建立直销平台，进一步拓展销售渠道，或者利用国内微商、微信等网络平台，通过社交网络平台推广产品。涉农电商借助线上和线下的融合将成为农业领域一个稳定的经济增长点。

任务三　农村电子商务政策

本书主要对 2014—2017 年的农村电子商务政策进行介绍。

一、2014 年相关的农村电子商务政策

1. 中央 1 号文件

2014 年，中央 1 号文件提出"加强农产品电子商务平台建设"的论述，进一步推进了涉农电子商务的高速发展。

2.《国务院办公厅关于促进内贸流通健康发展的若干意见》

国务院印发《国务院办公厅关于促进内贸流通健康发展的若干意见》，从推进现代流通方式发展、加强流通基础设施建设、深化流通领域改革创新、着力改善营商环境四个方面出台了 13 项具体

政策措施。

3.《物流业发展中长期规划（2014—2020 年）》

2014 年 9 月 12 日,国务院颁布《物流业发展中长期规划（2014—2020 年）》,提出加强农村物流发展的内容,如解决"北粮南运"运输"卡脖子"问题,加强"南糖北运"及产地的运输、仓储等物流设施建设,加强鲜活农产品冷链物流设施建设,支持"南菜北运"和大宗鲜活农产品产地预冷、初加工、冷藏保鲜、冷链运输等设施设备建设,形成重点品种农产品物流集散中心,提升批发市场等重要节点的冷链设施水平,完善冷链物流网络。

4.《关于开展电子商务进农村综合示范的通知》

2014 年 7 月 24 日,财政部、商务部发出《关于开展电子商务进农村综合示范的通知》,在河北、黑龙江、江苏、安徽、江西、河南、湖北、四川进行综合示范,即在 8 省 56 个县开展电子商务进农村综合示范,建立适应农村电子商务发展需要的支撑服务体系,发展与电子交易、网上购物、在线支付协同发展的物流配送服务。

5.《关于进一步加强农产品市场体系建设的指导意见》

商务部、国家发展和改革委员会等 13 个部门出台《关于进一步加强农产品市场体系建设的指导意见》,明确未来 5～10 年我国农产品市场体系建设的指导思想、基本原则、发展目标和主要任务,加快建设高效畅通、安全规范、竞争有序的农产品市场体系。

6.《关于促进商贸物流发展的实施意见》

2014 年 8 月 22 日,为贯彻落实 2013 年国务院召开的部分城市物流工作座谈会和 2014 年 6 月国务院常务会通过的《物流业发展中长期规划》精神,商务部出台《关于促进商贸物流发展的实施意见》。

二、2015 年相关的农村电子商务政策

1. 创新农产品流通方式

2015 年,中共中央、国务院《关于加大改革创新力度加快农

业现代化建设的若干意见》（中发〔2015〕1号）指出，要加快全国农产品市场体系转型升级，着力加强设施建设和配套服务，健全交易制度。完善全国农产品流通骨干网络，加大重要农产品仓储物流设施建设力度。加快千亿斤①粮食新建仓容建设进度，尽快形成中央和地方职责分工明确的粮食收储机制，提高粮食收储保障能力。继续实施农户科学储粮工程。加强农产品产地市场建设，加快构建跨区域冷链物流体系，继续开展公益性农产品批发市场建设试点。推进合作社与超市、学校、企业、社区对接。清理整顿农产品运销乱收费问题。发展农产品期货交易，开发农产品期货交易新品种。支持电商、物流、商贸、金融等企业参与涉农电子商务平台建设。开展电子商务进农村综合示范。

2. 提升农产品流通服务水平

中共中央、国务院《关于深化供销合作社综合改革的决定》（中发〔2015〕11号）指出，加强供销合作社农产品流通网络建设，创新流通方式，推进多种形式的产销对接。将供销合作社农产品市场建设纳入全国农产品市场发展规划，在集散地建设大型农产品批发市场和现代物流中心，在产地建设农产品收集市场和仓储设施，在城市社区建设生鲜超市等零售终端，形成布局合理、联结产地到消费终端的农产品市场网络。积极参与公益性农产品批发市场建设试点，有条件的地区，政府控股的农产品批发市场可交由供销合作社建设、运营、管护。继续实施新农村现代流通服务网络工程建设，健全农资、农副产品、日用消费品、再生资源回收等网络，加快形成连锁化、规模化、品牌化经营服务新格局。顺应商业模式和消费方式深刻变革的新趋势，加快发展供销合作社电子商务，形成网上交易、仓储物流、终端配送一体化经营，实现线上线下融合发展。

3. 积极发展农村电子商务

国务院办公厅《关于大力发展电子商务加快培育经济新动力

---

① 斤为非法定计量单位，1斤＝0.5千克。——编者注

的意见》（国发〔2015〕24 号）指出，加强互联网与农业农村融合发展，引入产业链、价值链、供应链等现代管理理念和方式，研究制定促进农村电子商务发展的意见，出台支持政策措施。（商务部、农业部）加强鲜活农产品标准体系、动植物检疫体系、安全追溯体系、质量保障与安全监管体系建设，大力发展农产品冷链基础设施。（质量监督检验检疫总局、国家发展和改革委员会、商务部、农业部、食品药品监督管理总局）开展电子商务进农村综合示范，推动信息进村入户，利用"万村千乡"市场网络改善农村地区电子商务服务环境。（商务部、农业部）建设地理标志产品技术标准体系和产品质量保证体系，支持利用电子商务平台宣传和销售地理标志产品，鼓励电子商务平台服务"一村一品"，促进品牌农产品走出去。鼓励农业生产资料企业发展电子商务。（农业部、质量监督检验检疫总局、工商总局）支持林业电子商务发展，逐步建立林产品交易诚信体系、林产品和林权交易服务体系。

国务院《关于积极推进"互联网＋"行动的指导意见》（国发〔2015〕40 号）指出，开展电子商务进农村综合示范，支持新型农业经营主体和农产品、农资批发市场对接电商平台，积极发展以销定产模式。完善农村电子商务配送及综合服务网络，着力解决农副产品标准化、物流标准化、冷链仓储建设等关键问题，发展农产品个性化定制服务。开展生鲜农产品和农业生产资料电子商务试点，促进农业大宗商品的电子商务发展。

4. 创新农业营销服务

国务院办公厅《关于加快转变农业发展方式的意见》（国办发〔2015〕59 号）指出，加强全国性和区域性农产品产地市场建设，加大农产品促销扶持力度，提升农户营销能力。培育新型流通业态，大力发展农业电子商务，制定实施农业电子商务应用技术培训计划，引导各类农业经营主体与电商企业对接，促进物流配送、冷链设施设备等发展。加快发展供销合作社电子商务。积极推广农产品拍卖交易方式。

5. 推进零售业改革发展

国务院办公厅《关于推进线上线下互动加快商贸流通创新发展转型升级的意见》（国办发〔2015〕72号）指出，鼓励零售企业转变经营方式，支持受线上模式冲击的实体店调整重组，提高自营商品比例，加大自主品牌、定制化商品比重，深入发展连锁经营。鼓励零售企业利用互联网技术推进实体店铺数字化改造，增强店面场景化、立体化、智能化展示功能，开展全渠道营销。鼓励大型实体店不断丰富消费体验，向智能化、多样化商业服务综合体转型，增加餐饮、休闲、娱乐、文化等设施，由商品销售为主转向"商品＋服务"并重。鼓励中小实体店发挥靠近消费者的优势，完善便利服务体系，增加快餐、缴费、网订店取、社区配送等附加便民服务功能。鼓励互联网企业加强与实体店合作，推动线上交流互动、引客聚客、精准营销等优势和线下真实体验、品牌信誉、物流配送等优势相融合，促进组织管理扁平化、设施设备智能化、商业主体在线化、商业客体数据化和服务作业标准化。（商务部、发展和改革委员会）支持新型农业经营主体对接电子商务平台，有效衔接产需信息，推动农产品线上营销与线下流通融合发展。鼓励农业生产资料经销企业发展电子商务，促进农业生产资料网络营销。（农业部、发展和改革委员会）支持零售企业线上线下结合，开拓国际市场，发展跨境网络零售。

6. 推进农村市场现代化

国务院办公厅《关于推进线上线下互动加快商贸流通创新发展转型升级的意见》（国办发〔2015〕72号）指出，开展电子商务进农村综合示范，推动电子商务企业开拓农村市场，构建农产品进城、工业品下乡的双向流通体系。（商务部、财政部）引导电子商务企业与农村邮政、快递、供销、"万村千乡市场工程"、交通运输等既有网络和优势资源对接合作，对农村传统商业网点升级改造，健全县、乡、村三级农村物流服务网络。加快全国农产品商务信息服务公共平台建设。（商务部、交通运输部、邮政局、供销合作总社、发展和改革委员会）大力发展农产品电子商务，引导特色农产品主产区（县、市）在第三方电子商务平台开设地方特色馆。（商务部、地方各级人民政府）推进农产品"生产基地＋社区直配"示范，带动订单农业发展，提高农产品标准化水平。

加快信息进村入户的步伐，加强村级信息服务站建设，强化线下体验功能，提高新型农业经营主体的电子商务应用能力。

7. 促进农村电子商务加快发展

国务院办公厅《关于促进农村电子商务加快发展的指导意见》（国办发〔2015〕78号）提出，到2020年，我国要初步建成统一开放、竞争有序、诚信守法、安全可靠、绿色环保的农村电子商务市场体系，农村电子商务与农村一、二、三产业深度融合，在推动农民创业就业、开拓农村消费市场、带动农村扶贫开发等方面取得明显成效。

8. 加大"互联网＋"扶贫力度

中共中央、国务院《关于打赢脱贫攻坚战的决定》（2015年11月29日）提出，完善电信普遍服务补偿机制，加快推进宽带网络覆盖贫困村。实施电商扶贫工程。加快贫困地区物流配送体系建设，支持邮政、供销合作等系统在贫困乡村建立服务网点。支持电商企业拓展农村业务，加强贫困地区农产品网上销售平台建设。加强贫困地区农村电商人才培训。对贫困家庭开设网店给予网络资费补助、小额信贷等支持。开展互联网为农便民服务，提升贫困地区农村互联网金融服务水平，扩大信息进村入户覆盖面。

三、2016年相关的农村电子商务政策

1. 大力发展农产品加工业和市场流通

农业部《关于扎实做好2016年农业农村经济工作的意见》（农发〔2016〕1号）提出，研究出台指导农产品加工业发展的政策文件，推动农产品加工业转型升级。完善并继续实施农产品产地初加工补助政策，加快建设一批农产品加工示范县、示范园区、示范企业。支持粮食主产区发展粮食深加工，继续加强农产品加工科技创

新和推广，深入开展加工副产物综合利用试点，实施主食加工和农产品加工质量品牌提升行动。健全统一开放、布局合理、竞争有序的现代农产品市场体系，加快国家级农产品专业市场建设。加强储运加工布局和市场流通体系的衔接，推进实物流通和电子商务相结合的物流体系建设，促进物流配送、冷链设施设备等发展。鼓励农村经纪人和新农民搞活农产品流通。

2. 农村电子商务试点

农业部办公厅《关于印发农业电子商务试点方案的通知》（农办市〔2016〕1号）提出三种农村电子商务的试点方案，具体如下：

（1）鲜活农产品电子商务试点。

①"基地＋城市社区"直配模式。建立农产品生产基地的智能管理服务平台，提供农产品种植计划、农产品实时产量、采后库存等信息；建立鲜活农产品产销网络对接平台，采集生鲜采购商（生鲜电商、商超、社区店、餐饮、大客户等）的采购信息，并与生产基地进行对接，制订鲜活农产品销售计划；设立农产品体验店、自提点和提货柜，加强与传统鲜活农产品零售渠道的合作，开展农场会员宅配、农产品众筹、社区支持农业等模式探索，建立农产品社区直供系统；自建或依托第三方，建立全程冷链物流配送体系。鼓励开展其他形式的"基地＋城市社区"鲜活农产品直配试点。试点省份为北京、河北、吉林、湖南、广东、重庆。

②"批发市场＋宅配"模式。推动电商企业与农产品批发市场合作，充分发挥农产品批发市场集货、仓储优势，依托社区便利店、水果店设立自提点，建立城市鲜活农产品配送物流体系，探索鲜活农产品直配到户的"批发市场＋宅配"电商零售模式。试点省份为北京、广东。

③鲜活农产品电商标准体系。支持电子商务企业制定适合电子商务的农产品分等分级、产品包装、物流配送、业务规范等标准，组织快递企业制定适应农业电子商务产品寄递需求的定制化包装、专业服务等标准，研究制定农业电子商务技术标准和业务规范。试点省份为河北、重庆。

④鲜活农产品质量安全追溯及监管体系。建立健全"名特优新""三品一标""一村一品"等电子商务基础数据库，探索与电商企业建立数据共享机制；建立健全适应电子商务需求的农产品质量安全追溯管理信息系统，完善农产品质量标准和质量安全追溯体系。试点省份为吉林、重庆、宁夏。

（2）农业生产资料电子商务试点。

①农资网上销售平台。充分利用信息进村入户平台，大型农业、农资电商平台及供销社等已有渠道，线上线下相结合，开展农资网上销售，探索实现部分县域的农资电商配送全覆盖；现阶段以化肥为重点，逐步扩展到种子、农药、兽药、农机具等主要农资品种；鼓励电商企业加大宣传和培训力度，积极引导农民逐渐形成网购农资的习惯。试点省份为吉林、黑龙江、江苏、湖南。

②农资电商服务体系。推动农资生产、经销企业与电商平台企业加强合作，依托国家农业数据中心、12316"三农"综合信息服务平台和农技推广服务体系，提供测土配方施肥、农资市场价格、农资使用指导、农事咨询、气象信息等专业服务；支持电商平台企业建立大数据分析系统，掌握分析农民用肥、施肥数据及测土配方、病虫害等数据，由单一的农资销售平台向产前、产中、产后全链条农资服务商转变，试点农资精准服务；加强与银行、保险公司等金融服务企业合作，提供农资贷款、农业生产保险等相关金融服务。试点省份为吉林、黑龙江、江苏、湖南。

③农资电商监管体系。建立健全适应电子商务需求的农业生产资料质量安全追溯管理信息系统和网上投诉处理平台，推动种植、畜牧、水产以及种子、化肥、农药、农机等行业监管信息共享和互联互通，加强农资电商监管，推行信用档案制度，确保网上销售的农资可信、可用、可管。试点省份为：吉林、黑龙江重点建立化肥电商监管体系，吉林、湖南重点建立种子电商监管体系，江苏重点建立农药、兽药电商监管体系。

（3）休闲农业电子商务试点。推动城市郊区休闲农业资源建设、开发，整合休闲农业资源，以标准化接待规范、信用评价体系、地理信息系统和移动定位技术为支撑，以采摘、餐饮、住宿、主题活动、民俗产品购销等为主要服务内容，建立统一的休闲农业线上推介、销售、服务平台和质量监督体系，实现乡村旅游线上直销，推动形成线上线下融合、城乡互动发展的休闲农业产业链。试点省份为北京、海南。

3. "互联网＋"农业电子商务

农业部、国家发展和改革委员会、中央网信办等 8 部门联合印发的《"互联网＋"现代农业三年行动实施方案》(农市发〔2016〕2 号)明确提出，大力发展农业电子商务，带动农业市场化，倒逼农业标准化，促进农业规模化，提升农业品牌化，推动农业转型升级、农村经济发展、农民创业增收。提升新型农业经营主体的电子商务应用能力，推动农产品、农业生产资料和休闲农业相关优质产品和服务上网销售，大力培育农业电子商务市场主体，形成一批具有重要影响力的农业电子商务龙头企业和品牌。加强网络、加工、包装、物流、冷链、仓储、支付等基础设施建设，推动农产品分等分级、产品包装、物流配送、业务规范等标准体系建设，完善农业电子商务发展基础环境。开展农业电子商务试点示范，鼓励相关经营主体进行技术、机制、模式创新，探索农产品线上与线下相结合的发展模式，推动生鲜农产品直配和农业生产资料下乡率先取得突破。推进农产品批发市场信息技术应用，加强批发市场信息服务平台建设，提升信息服务能力，推动批发市场创新发展农产品电子商务。加快推进农产品跨境电子商务发展，促进农产品进出口贸易。推动农业电子商务相关数据信息共享开放，加强信息监测统计、发布服务工作。

四、2017 年相关的农村电子商务政策

2017 年，中共中央、国务院公开发布《关于深入推进农业供给侧结构性改革 加快培育农业农村发展新动能的若干意见》，这是21 世纪以来，党中央连续发出的第 14 个指导"三农"工作的 1 号

文件。推进农业供给侧结构性改革，加快培育农业农村发展新动能，农村电商是不能不关注的重要领域。中央1号文件首次直接将农村电商作为一个条目单独陈列出来，指明了农村电商的发展方向。

1. 首次关注电商产业园问题

2017年的中央1号文件指出，鼓励地方规范发展电商产业园，要求电商创业园"聚集品牌推广、物流集散、人才培养、技术支持、质量安全等功能服务"。

2. 更加重视农村电商线上线下融合

2017年，中央1号文件第14条提出："促进新型农业经营主体、加工流通企业与电商企业全面对接融合，推动线上线下互动发展。"

3. 更加重视农产品上行

2017年的文件明确提出"支持农产品电商平台和农村电商服务站点"，进一步聚焦农产品上行问题。文件还提出"加快建立健全适应农产品电商发展的标准体系""支持农产品电商平台和乡村电商服务站点建设""完善鲜活农产品直供直销体系"。

4. 更加重视农村电商物流

2017年的中央1号文件更加重视农村电商物流的发展，明确提出"推动商贸、供销、邮政、电商互联互通，加强从村到乡镇的物流体系建设，实施快递下乡工程""完善全国农产品流通骨干网络，加快构建公益性农产品市场体系，加强农产品产地预冷等冷链物流基础设施网络建设"。

5. 更加重视农村电商生态体系

共青团陕西省委农工部部长魏延安接受媒体采访时指出，要将"推进'互联网＋'现代农业行动"并入2017年的农村电商部分，使农村电商的外围建设进一步丰满。同时，明确提出要将"加大信息进村入户试点力度"升级为"全面实施信息进村入户工程，开展整省推进示范"，进一步夯实了农村电商的信息网络基础和用户基础。

任务四　电商巨头在农村的布局

一、阿里巴巴

阿里巴巴创建于 1998 年年底，总部设在杭州，并在海外设立美国硅谷、伦敦等分支机构。阿里巴巴是全球企业间（B2B）电子商务的著名品牌，是目前全球最大的网上贸易市场。良好的定位、稳固的结构、优秀的服务使阿里巴巴成为全球首家拥有 211 万商人的电子商务网站，是全球商人网络推广的首选网站，被商人们评为"最受欢迎的 B2B 网站"。

阿里巴巴在农村的布局始于阿里巴巴的首次公开募股（IPO）之举。阿里巴巴 IPO 后，计划在未来 3～5 年内投入 100 亿元发展"千县万村"计划，即建立 1 000 个县级运营中心和 10 万个村级服务站，带动农村创业机会，让"淘宝村"模式在全国范围推广，同时也吹响了阿里巴巴乃至整个中国电商行业向农村发展的号角。当即，农村战略与全球化、大数据并列成为阿里巴巴未来的三大战略之一。阿里巴巴在农村电子商务的布局战略主要包括以下四个目标：

1. 普及农村电商消费

随着电子商务的发展，互联网不仅能够连接世界各地，而且能够让农村中愿意去追赶时尚和愿意尝试新产品的人群通过网络买到来自世界各地的新产品和特色产品。阿里巴巴通过普及农村电商消费，使农村居民能够更好地在网上消费。

2. 为农村发展留住人才

农村电子商务的发展会带来一个广大的服务业衍生发展机会，包括物流、产品质量检测、培训等各种各样的服务。这需要许许多多的创业者一起来参与，才能够形成一个农村电子商务的生态体系。因此，阿里巴巴试图通过农村电商让一些优秀的人才留在农村，依据农村的资源和特色，通过网络进行创业。

3. 让农民获得性价比更高的生产资料

阿里巴巴通过发展和普及农村电子商务，让农村生产资料的供给和需求更加扁平化，消灭不合理的供销差价，让农业生产者获得性价比更高的生产资料，从而降低生产成本，提高经济收入水平。

4. 帮助农业生产者把产品销往世界

农业生产者如何更好地把产品销往全国乃至世界各地是增加经济收入的重要方式。随着电子商务的普及，越来越多的农业生产者可利用互联网进行营销，把农产品销往全国各地，甚至世界各地。

阿里巴巴通过发展农村电子商务，让农村也能享受与城市一样的消费选择，让优秀的人才可以回归农村创业，让农业生产者可以直接从厂家采购生产资料从而降低成本，让农业产品足不出户地销往世界各地。

二、京东集团

京东集团在农村电子商务的布局首先借助于全国直营物流的优势发力。

京东从 2009 年开始自己融资建设物流中心，在取得物流优势的基础上把战线全面开展到了县域和村镇级，即大力积极解决农村电子商务物流"最后一公里"的问题。在打通农村电子商务物流"最后一公里"这一关键问题上，和阿里巴巴相比，京东在铺设效率和成本等方面具有明显的优势。由此可以看出京东在布局整个农村电子商务策略背后的逻辑：依托和充分发挥自建物流体系的优势，打造京东县级服务中心、京东乡村合作点和京东帮服务店，从县镇乡村分层次布局下乡体系。

1. 京东县级服务中心

京东县级服务中心就是设立在县级，覆盖该县域范围及相邻县域范围的村镇地区的京东线下综合服务中心。该中心集物流、培训、售后及管理为一体，相当于京东的线下直营店，相关的硬件资源，包括店面选址、租赁、家具采买、中心人员等由京东公司自营管理。服务中心的具体业务包括以下几个方面：①线下O2O实体体验店；②人力资源管理中心；③物流仓储中心；④电商培训服务，对服务中心及管理人员和当地乡村推广员进行统一管理、统一培训、统一考核；⑤营销推广业务，为推广员提供服务、宣传和物料支持；⑥售后服务，和京东帮服务店的功能相区分，两者相互协作。作为京东电商下乡的统管中心，县级服务中心是实现"京东梦想"的落脚点，为广大推广员提供服务、宣传、物料支持，而这些中心全部是京东直营店。截至2015年1月，京东已经在全国布局了包括江苏省宿迁市、湖南省长沙县、四川省仪陇县、山东省平度市等在内的近200个京东县级服务中心。

2. 京东乡村推广员

乡村推广员的职能是深入农村的物流末端。京东设立了京东乡村合作点，类似"赶街"农村电子商务服务站，村民在这里可以了解到如何通过网络买到自己想要的东西。初期3～5个村一个合作点，每个合作点会配套1～2个乡村推广员，这些推广员由上一级的县级服务中心统一招募、培训和管理，担当起村一级的代购、终端的配送及宣传等品牌推广职责。截至2015年2月，京东已在四川、江苏、山东、广东等地区招募了700多名乡村推广员。

3. 京东帮

京东帮服务店提供大家电配送、安装、维修、营销四位一体服务，和县级服务中心自营的模式不同，京东帮服务店采用加盟形式，由地方家电服务商作为第三方加盟，日常的管理和运营由第三方负责。由于其产品特殊的原因，大家电下乡不仅需要强大的物流配送能力，还需要配合安装和维修，需要专业的技术人员操作完成。而大家电一直以来都是京东的主营业务，因此，京东单独成立京东帮服务店项目，面向三、四、五、六线城市和乡镇市场，但只经营大家电业务。以江苏省沭阳县的京东帮服务店为例，其业务范围和当地的县级服务中心一样，都覆盖沭阳县辖下的6个街道、25个镇、8个乡，覆盖面积近2 300千米²。全国首家京东帮服务店为河北赵县的京东帮服务店。

4. 京东的"3F战略"

（1）卖。如京东联手仁寿县人民政府举行的"中国仁寿 京东枇杷节"，通过京东农产品进城模式，让仁寿县当地特产——枇杷快速进入北京、上海、广州等一线大城市。

（2）买。让农民买到货真价实的农资产品。京东利用全供应链的物流系统，直接与农业部指定的种子基地合作，从种子基地直接送到农民的田间地头，不需要经过其他环节，把农资成本至少降低30％。

（3）贷。京东的"京农贷"不用任何抵押就能申请，还能提供惠农贷款专享低息，最快当天就能放款。此外，京东金融还在筹备京东重庆小额贷款公司，以满足农村信贷的需求。

三、顺丰生鲜物流和顺丰商业布局

顺丰的农村战略主要体现在顺丰的农村生鲜物流和顺丰商业的布局上。

由于生鲜农产品保鲜难、保质期短、运输损耗大等特点，全程的运输、交接和储存始终在冷链环境下才能保证产品的卫生、新鲜度及营养度，使得农产品对于物流环节的要求相当高。对于目前想要抢占农村电子商务市场的企业、想要发展地方产业的政府等来说，生鲜农产品供应链是一大难题。顺丰依托自己旗下的王牌业务——顺丰速运的强大物流能力，为生鲜农产品提供供应链解决方案。

1. 顺丰的农村生鲜物流

（1）为企业大客户提供员工福利。顺丰的传统业务——顺丰速运中的最大盈利来源于大型的企业客户，顺丰速运积累了很多这样的大客户。在和这些大客户长期的合作过程中，部分客户为解决企业员工节庆的福利，开始委托顺丰速运提供企业应节的水果或地方特产，这成为了顺丰做农村生鲜物流的一个契机。

（2）顺丰试水生鲜供应链。2012 年 5 月，顺丰优选上线，成立专门的平台和物流配送团队，开始探索和尝试布局打造顺丰的生鲜供应链。

（3）顺丰在农村完善生鲜物流的经营模式。2013 年 12 月，顺丰成立食品供应链事业部，依托顺丰优选平台建立的生鲜供应链也整合到顺丰供应链事业部中。顺丰供应链作为独立的业务部门，拥有单独的管理团队和运营模式。2014 年 9 月 25 日，顺丰发布"顺丰冷云"品牌，并推出"一站式食品供应链解决方案"，负责生鲜食品从流通到销售的整个链条，包括冷运仓储、冷运干线、冷运宅配、生鲜食品销售、供应链金融等。

2. 顺丰在农村的商业布局

2015 年，顺丰将旗下的顺丰速运、顺丰金融、顺丰优选、顺丰海淘、顺丰嘿客、顺丰供应链等十一个事业部整合改组成了顺丰金融、顺丰供应链、顺丰快递（快件）、顺丰物流（大件）和顺丰商业五大事业部。

在农村的布局中，顺丰首先整合线上电商平台，将顺丰优选从一个单一的生鲜电商转变为综合零售电商平台。其次，升级线下社区服务店。嘿客是顺丰定位于社区服务平台的线下连锁店方案。顺丰将在中端住宅区和办公楼区开设连锁店，每家营业面积为几十到一百米^2，通过店中的屏幕为消费者提供物流、广告展示、虚拟销售、预售、试衣间等多种服务。其购买过程类似于淘宝，在顺丰优选商城选中后在平板电脑上填写订单，由顺丰的物流体系将货物送至消费者家中，或者由消费者到社区附近的嘿客门店自提。

四、苏宁易购

与市场上几大电商的发展情况相比，苏宁最大的特别之处就在于其过去 20 年的线下门店发展模式。苏宁在过去二十几年发展过程中，作为大家电线下连锁，发展成了业界的巨型企业。截至 2014 年，苏宁在全国 600 多个城市一共开设了 1 600 多个分店、连锁店，基本实现了大家电的规模化经营，且在该过程中极大地压缩了家电产品的价格。在客户体验方面，苏宁拥有自己的物流和售后服务团队，基本实现了为客户提供体验、购买、配送和售后维修一体化的服务。苏宁这种规模化的扩张经营模式，在全国 600 多个一、二线城市布局过后，想要再深入三、四线城市或县级城镇时却遇到了困境，基于此，苏宁易购在向三、四线城市或县级城市的扩张过程中大力积极开拓农村电商市场，即渠道下沉。2014 年 9 月，宿迁袁集镇苏宁易购服务中心开业；2015 年 1 月 23 日，宿迁洋河镇苏宁易购服务站开业；随后，在 2015 年 5 月 14 日的全国农村电子商务现场会上，苏宁云商集团董事长宣布苏宁将通过建设苏宁易购服务站向三、四、五级市场渗透。

五、维吉达尼

维吉达尼是一家 2011 年成立于新疆喀什的年轻的互联网电子商务公司，公司的主营业务是新疆的特色浓茶、核桃、杏干和红枣等。维吉达尼的名字在维语中的意思为"良心"，该名称的寓意很好地呼应了创业者的价值观和理想：把天然无添加、安全可追溯的美味新疆特产，送到心怀善意、珍视美食的人们手中，是我们一生的事业。

维吉达尼在农村的布局源于起初为当地的每位农户建立档案，并将这些档案中农户的故事编辑成博文，通过微博推广。如 2012 年 7 月，喀什兰干乡和阿克陶巴仁乡合作农户的杏子成熟后，农户以实名制作了几条微博，得到了姚晨、王利芬、徐小平、牛文文等名人的微博转发，使得刚刚成立的维吉达尼知名度迅速提升。通过维吉达尼买到的每一份特产中都会附上一张"产品身份证"，包括一张生产者的照片、溯源信息和一句以农民口吻表达的温暖的话及农民的手写签字。客户在吃到这些果实的同时就能知道这个产品是谁种的、谁晾晒的、有着怎么样的故事。维吉达尼还致力于增强互联网社群情感交流与互动，通过互联网建立起消费者和生产者共同的社群。在这个社群中，产品的流通传递给消费者温暖的故事和人情味，消费者又回馈以尊重与信任。二者之间你来我往的情感上的互动与沟通，帮助这个集群逐步扩大和发展，消费者和生产者之间的信任越来越强。

任务五　农村电子商务的发展模式

一、浙江遂昌模式

遂昌模式是在浙江省遂昌县诞生的农村电商模式，即以本地化电子商务综合服务商为驱动，带动县域电子商务生态发展，促进地方传统产业，特别是农产品加工业的发展，"电子商务综合服务商＋网商＋传统产业"相互作用，具体可以分为以下三部分：①从事工业品下行的赶街公司，主要进行农村代购、农村创业和本地生活服务等方面的业务；②从事农产品上行的遂网公司，主要进行农产品供应链、营销体系的搭建；③从事孵化和宣传的遂昌网店协会，主要对农村电商的参与主体进行培训。其中，最值得关注的特征是区域农村电商市场，该市场围绕当地农特产品，通过创新探索，建立了相对领先的农产品电商供应链支撑体系。遂昌模式的核心是以本地综合服务商为主体，带动县域电子商务生态发展，实现遂昌县本地农特产品的触网和上行。赶街公司主要通过复制自身在遂昌经营模式的方法实现向外扩张，主要方式包括自营和加盟，将自身在农村电商方面的探索进行移植，把在遂昌形成的经验传播到其他县域。

遂昌模式的启示：多产品协同上线，以协会打通产业环节，政府政策扶持到位，借助与阿里巴巴的战略合作，依靠服务商与平台、网商、传统产业、政府的有效互动，构建新型的电子商务生态，助力县域电商的腾飞。

二、浙江临安模式——线上线下齐飞

浙江临安立足自己的优势产品——坚果炒货，背靠紧贴杭州的区位优势，大力推进县域电商的发展。2013年，临安各类优质生态农产品产量25万吨，总产值51.5亿元，农产品电商销售突破10亿元。

临安积极开展城乡村企联动，有农产品电商示范村7个，且形成了"两园多点"——临安市电子商务产业园、龙岗坚果炒货食品园（城）及多个农产品基地（村）。

临安模式的启示：线上线下相互配合、齐头并进。"一带一馆＋微临安"包括阿里巴巴临安市坚果炒货产业带（"天猫"平台）、"淘宝·特色中国——临安馆"以及集旅游、传媒、娱乐、生活、服务于一体的具有临安本土情怀的微信平台——微临安。

三、浙江丽水模式——梧桐工程有奇效

丽水农村电子商务的梧桐工程全力打造区域电商服务中心，其最大的特点就是帮助电商企业做好配套服务，让电商企业顺利孵化、成长壮大。丽水的农村电子商务服务中心必须要具备四大功能：主体（政府部门、企业、个人）培育、孵化支撑、平台建设、营销推广，承担了政府、网商、供应商、平台等参与各方的资源及需求转化，促进区域电商生态健康发展。

丽水模式的启示：丽水的建设模式为政府投入、企业运营、公益为主、市场为辅，将政府服务与市场效率有效结合，吸引大量人才和电商主体回流。

四、浙江桐庐模式——大树底下好乘凉

桐庐是杭州辖下的一个县，距离杭州市区只有80千米，是浙

西地区经济实力第一强县，也是中国著名的物流之乡、制笔之乡。桐庐的农村电子商务发展得好，主要原因在于它独特的区位优势，为桐庐发展电商提供了强力的支撑。2014 年 10 月，阿里巴巴首个农村电商试点选择落户桐庐，为桐庐再次营造了良好的发展电商的行业氛围。

桐庐模式的启示：桐庐具有良好的产业基础和电商发展态势，特别是在物流方面，有村级单位物流全通的先天优势。此外，还有良好的社会环境以及政府部门的政策支持，为电商的发展提供了良好的环境基础。

五、河北清河模式——电商带来第二春

电商是河北清河县最具特色的商业群体。清河是全国最大的羊绒制品网络销售基地，全县的淘宝天猫店铺超过 2 万家，年销售额 15 亿元，羊绒纱线销售占淘宝 7 成以上，是名副其实的"淘宝县"。

在之前的传统产业时代，河北清河羊绒产业在竞争中近乎一败涂地，2007 年开始在淘宝卖羊绒，获得意外成功，随即引发了惊人的良好结果。在基础设施建设方面，该县不断加大力度，目前电子商务产业园、物流产业聚集区以及仓储中心等一大批电子商务产业聚集服务平台正在建设之中，清河正在实现由淘宝村向淘宝县的转型提升。

清河模式的启示：①"协会＋监管＋检测"，维护正常市场秩序；②"乳化中心＋电商园区"，转型升级，全线出击，建成新百丰羊绒（电子）交易中心，吸引国内近 200 家企业进行羊绒电子交易；③建立 B2C 模式的"清河羊绒网"、O2O 模式的"百绒汇"网，100 多家商户在上面设立了网上店铺；④实施品牌战略，12 个品牌获中国服装成长型品牌，8 个品牌获得河北省著名商标，24 家羊绒企业跻身"中国羊绒行业百强"。

六、山东博兴模式——新农村包围城市

当2013年全国只有20个淘宝村的时候,山东博兴一县就有两个淘宝村,当年两个村电商交易额达4.17亿元。一个做草编、一个做土布,博兴县将传统艺术与实体经营和电子商务销售平台对接,让草柳编、老粗布等特色富民产业插上互联网的翅膀,实现了农民淘宝网上的二次创业。

作为全国草柳编工艺品出口基地,博兴淘宝村的形成可谓自然长成,不仅货源充足,而且质量和口碑一直不错,电商门槛和成本都不高,更是易学和模仿,淘宝村的成功,进一步推动了该县传统企业的网上转型。目前全县拥有3 000多家电商,从业人员超过2万人,80%的工业企业开展了网上贸易。

博兴模式的启示:①传统外贸要及时转型;②要发挥人才的关键作用;③产业园区与线上的结合;④政府的及时引导与提升。

七、浙江海宁模式——电商倒推产业转型

海宁是全国有名的皮草城,也一直追随网络的步伐推动电商发展。到2012年年底,海宁网商(B2C/C2C)已经超过10 000家,新增就业岗位40 000余个,网络年销量破百亿大关。

目前,全市从事电子商务的相关企业共有1 500余家,网商达2万家以上,注册天猫店铺780家,占嘉兴市天猫店铺总数的40%以上。2013年上半年,全市实现网络零售额51.98亿元,同比增长11%以上,成功创建"浙江省首批电子商务示范市"和"浙江省电子商务创新样本",列"2013年中国电子商务发展百佳县"榜单第3位。

虽然海宁电商发展得很好,但也存在很多问题,包括增长粗放、质量把控不严、主体小而散以及受经济大形势影响,销售总量急剧下滑,库存积压严重等。

海宁模式的启示：①引进人才，转换思维；②对接平台，整体出击（稳固国内，加强跨境）；③加强监管，保护品牌；④园区承载，强化服务（六大园区先后投建）；⑤管理提升，升级企业（以现代企业为主体）。

八、甘肃成县模式——一个核桃的逆袭

甘肃成县农村电子商务的发展源于甘肃省被网友戏称"核桃书记"的成县县委书记李祥。在当地核桃上市前，他通过个人微博大力宣传成县核桃："今年核桃长势很好，欢迎大家来成县吃核桃，我也用微博卖核桃，上海等大城市的人都已开始预订，买点我们成县的核桃吧"，该条微博被网友转评2 000余次。

从建立农村电子商务，到微博联系核桃卖家，甚至展示成县核桃的多种吃法，李祥的微博内容没有一天不提到核桃。在李祥的带动下，全县干部开微博卖核桃，成立电商协会，夏季卖鲜核桃，冬季卖干核桃。目前，该县正以核桃为单品，上线核桃加工品，打通整条电商产业链，再逐次推动其他农产品电商。

成县模式的启示：①将电商作为"一把手"工程，主导电商开局；②集中打造一个产品，由点到面；③集中全县人力、物力，全力突破。

九、吉林通榆模式——系统的委托

吉林省通榆县是典型的农业大县，农产品丰富，但受限于人才、物流等种种因素。通榆政府根据自身情况，积极"引进外援"，与杭州常春藤实业有限公司开展系统性合作，为通榆农产品量身打造"三千禾"品牌。同时配套建立电商公司、绿色食品园区、线下展销店等，初期与网上超市"1号店"签订原产地直销战略合作协议，通过"1号店"等优质电商渠道将产品销售到全国各地，后期开展全网营销，借助电子商务全面实施"原产地直销"计划，把本

地农产品卖往全国。

值得一提的是，为解决消费者对农产品的疑虑，通榆县委书记和县长联名写了一封面向全国消费者的信——"致淘宝网民的一封公开信"，挂在淘宝聚划算的首页，这一诚恳亲民的做法赢得了网友的一致称赞，在很大程度上提升了消费者对于通榆农产品的信任感。

通榆模式的启示：政府整合当地农产品资源，系统性委托给具有实力的大企业进行包装、营销和线上运营，地方政府、农户、电商企业、消费者及平台共同创造并分享价值，既满足了各方的价值需求，又带动了县域经济的发展。

十、陕西武功模式——从县域电商到电商经济的跨越

陕西省武功县是传统农业县，农产品"买难卖难"问题一直困扰着农村经济的发展。为破解这一难题，武功县政府积极发展电子商务，探索"买西北、卖全国"的模式，立足武功，联动陕西，辐射西北，面向丝绸之路经济带，将武功打造成为陕西农村电子商务人才培训地、农村电子商务企业聚集地、农产品物流集散地。

武功县目前已经成为陕西省电商示范县，先后吸引西域美农、赶集网等20多家电商企业入驻发展，300多个网店相继上线，全县电商日成交量超万单，日交易额达100多万元；10余家快递公司先后落地，农村电商试点在14个村全面启动，让电子商务真正走进农村、惠及百姓。

武功模式的启示：①一套领导机构、两个协会统筹协调，把握运营中心、物流体系、扶持机制三个关键；②搭建电商孵化中心、产品检测中心、数据保障中心、农产品健康指导实验室四大平台；③免费注册、免费提供办公场所、免费提供货源信息及个体网店免费上传产品、免费培训人员、在县城免费提供无线网络（Wi-Fi）的五免政策。

十一、江苏沙集模式——草根们的无中生有

江苏省沙集镇的村民过去大多从事传统种植、养殖和粉丝的生产加工，曾有一段时间，回收废旧塑料甚至成为村民们赚钱的主要营生。2006年年末，苏北睢宁县沙集镇当时24岁的孙寒在好友夏凯、陈雷的帮助下，尝试在淘宝网上开店创业，后试销简易拼装家具获得成功，引得乡亲们纷纷仿效。随着电子商务在本地的快速发展，不产木材的沙集镇居然形成了规模可观的家具加工制造业，品类齐全、各式各样的家具在这里几乎都能制作。

从过去的破烂王到今日的家具大王，从一个村的聚焦到一个镇的繁荣，到2012年6月，沙集镇有淘宝网店3 040家，其中天猫商城126家。据统计，2013年东风村物流快递月出量就达到1 000余吨、近万件。

沙集模式的启示：①从单打独斗到集团作战，从个体为主向企业为主转型；②产业链空间大，家具带动配套产业发展；③由村到镇再到园区，产业模式不断升级。

案例2-1

沾益农村淘宝发展如火如荼，合伙人月均收入破万元

云南省曲靖市沾益县本是一个比较贫困的县城，当地农民经济来源渠道单一，农民人均收入水平比较低，很多农民常年外出打工，但因近几年周边城市严峻的就业形势，使得很多原已"背井离乡"的打工农民又纷纷返回县城。恰逢农村电子商务铺天盖地而来，尤其是2015年8月随着阿朴电子商务公司在曲靖市电子商务创业园的入驻，更加速了农村电子商务在沾益县的发展。阿朴电子商务公司开展多项业务，包括电子商务产品的开发销售、电子商务的相关培训、淘宝店铺的运营推广、淘宝店铺的物流综合服务等，该公司为沾益县农民发展电子商务树立了标杆。公司自入驻园区以来，积极和政府开展合作，先后组织了园区商品销售和电商培训，

组织并提供稳定货源，设立网仓中心及快递物流，联合开展曲靖市残疾人联合会电商培训等工作，为园区初创提供了完善的专业电商服务，有力助推园区发展。

通过培训和组织，阿朴电子商务有限公司迅速引入了 10 余家资源店铺、13 家自营公司店铺、30 余家"苗圃计划"1 期店铺。自 2015 年公司运作以来，线上交易每天平均包裹量达 2 000 余个。目前，企业销售总额达到 1 105.2 万元，其中公司自营店铺线上销售总额为 537.5 万元，"苗圃计划"（1～4 期）销售总额为 567.7 万元。

蒋松于 2015 年 10 月加入了农村淘宝行业，由于其之前在云维集团工作过，所以加入农村淘宝以来一直从事云维牌尿素的销售，同年 12 月 9 日，农村淘宝服务站正式开业，开业周成交金额 5.2 万元，"年货节"活动销售总额 6.3 万，"春耕节"活动期间销售总额 670 万。其每月销量单数约 400 单，平均每天服务 13 个村民，平均月收入高达 1.8 万元。孙东花，2000 年毕业于曲靖教育学院会计专业，技术职称是中级统计师。1980 年出生的她在做农村淘宝之前，在曲靖大为焦化制供气有限公司从事劳资统计工作，目前已是沾益最优秀的合伙人之一。平时虽然比较忙，但她依然全力去做农村淘宝，为大家服务。她在 2016 年 1 月的"年货节"上销售年货 50 万元左右，2 月 22 日～3 月 22 日"春耕节"期间销售化肥 2 735 吨，共计金额 400 余万元，其月均代购佣金收入高达 2.5 万元。

沾益县的农村淘宝合伙人在做农村淘宝的同时，坚持每月做一次公益活动，用实际行动给村里需要帮助的人带去温暖。合伙人孙东花在阿里年货节期间组织参与了年夜饭的公益活动，邀请 10 位孤寡老人一起吃年夜饭。来远铺村级服务站合伙人蒋松，春节期间在服务站举办农村淘宝团圆饭，邀请了村里的 7 位老人共度新春佳节。此外，他还每月坚持慰问村里的孤寡老人及留守儿童，积极参加公益活动，向村里的来远小学捐赠了 20 个书包和 20 本书，价值 1 200 元。

综合以上可以看出，沾益县农村淘宝发展得如火如荼的原因有以下几个：①农村淘宝"领头羊"为相关淘宝合伙人提供了完善的专业电商服务；②政府的支持政策为发展农村电子商务营造了良好的氛围；③农村淘宝合伙人在做商业的同时承担了更多的社会责任。

复习思考题：

一、填空题

1. 农村电子商务指的是围绕农村的农产品_____、_____而开展的一系列电子化交易和管理活动，包括农业生产的管理、农产品的网络营销、电子支付、物流管理以及客户关系管理等。

2. _____是指在建立农村移动电子商务平台的基础上，通过手机终端和农信通电子商务终端，建立起覆盖县城大型连锁超市、乡镇规模店、村级农家店的现代农村流通市场新体系，推进工业品进村、农产品进城、门店资金归集三大应用，实现信息流的有效传递、物流的高效运作、资金流的快捷结算，促进农村经济发展。

3. 各涉农电子商务网站都将自身的网络安全视为重中之重，推出了例如防火墙、加密钥匙、安全过滤等安全措施，从而确保网络环境的安全性，这体现了农村电子商务的_____特征。

4. 农村电子商务的开展有助于改善当地农民和农业生产组织化的状况，当地农民利用各种不同的经营方式直接或间接地通过电子商务平台对接市场，从而可提高农民的_____水平。

二、判断题

1. 农村电子商务的发展不仅提高了农民的物质生活水平，也提高了农民的精神文化生活水平。（　　）

2. 农村电子商务的高便捷性体现在在产品交易过程中，节省了很多人力、物力和财力的支出，人们也可不必再受地域的限制便

能完成过去繁杂的交易活动。（　　）

3. 在农村电子商务飞速发展的过程中，仍存在着城乡之间的"信息化鸿沟"。（　　）

4. 农村居民收入的不断提高会促进我国农村电子商务的发展。（　　）

5. 农村基础设施的相对不完善会在一定程度上提高农村电子商务的物流成本。（　　）

6. 打通农村电子商务"最后一公里"指的是农村每一公里都要有一个相应的淘宝服务中心。（　　）

7. 拓展产业链并不能应对当前农产品的同质化竞争。（　　）

8. 京东集团在农村电子商务的布局首先借助的是其丰富的产品种类。（　　）

9. 由于生鲜农产品保鲜难、保质期短、运输损耗大等特点，所以对于那些要抢占农村电子商务市场的企业来说，生鲜农产品供应链是其重点发展内容。（　　）

10. 遂昌模式的核心是以本地综合服务商为主体带动县域电子商务生态发展，实现遂昌县本地农特产品的触网和上行。（　　）

三、简答题

1. 农村电子商务包括哪些活动？

2. 目前我国农村电子商务的发展面临哪些挑战？

3. 京东的"3F战略"指的是什么？

4. 阿里巴巴在农村电子商务的布局战略主要包括哪几个目标？

5. 山东博兴电子商务发展的模式给我们什么启示？

模块三 网购：农村电子商务的起点

[引例]

网购走进农民生活

（1）网络购物是电子商务最基本的内容，农村电子商务也是如此。随着互联网的普及，农村电子商务的发展已具备基础条件，各大电商已在农村布局，诸多创业者也成立了数百家农村电商平台。农民在网上购物已经非常方便，知名可靠的农民网络购物平台有农村淘宝、京东帮、苏宁易购、卖货郎、穗片土货。农村淘宝是淘宝网向农村推广延伸的战略项目，其本质是让广大农民可通过淘宝买卖任何商品。京东帮是京东在农村发展电商业务的活动名称，由京东在县城设运营中心，在乡村设服务站为农民代购或指导农民购物。苏宁易购通过建设品牌形象店为销售农产品提供平台。卖货郎采取线下实体店与电商结合的O2O模式，已在全国20多个省建设了2 000多个运营中心和30万个服务站。穗片土货以贫困农户为服务对象，将自然生长、无污染、可溯源的农产品集中在平台上以同样的品牌和形象销售。

（2）在吉林省乾安县前上村的东头有一家东兴商店，店主为本村村民于学奎。于学奎本是一个地地道道的农民，种过田、养过牛、修过农机，从2010年起开始经营这家小小的商店，并购买了电脑，安装了宽带。很快，他就学会了网上购物，开始是买些衣服和毛绒玩具，后来也买食品和日用品，再后来在网上订购农药、化肥和农机具配件，如今，所有需要的东西他都能从网上买，而且还经常帮村里的亲朋好友代购。他热心帮忙，但后来发现帮忙代购占用了他大量的劳动时间，其他事情都没时间做。于是，他开始教身边的年轻人用电脑上网、购物。现在，村里的大部分年轻人都能自己上网购物，只有一些年纪稍大的或家里没有条件购买电脑的村民还要找人帮忙代购。

于学奎说，他们村一年网购化肥农药一项就能节省 60 多万元，这 60 多万元对于村民来说可是个大数目。

任务一　认识主流网络购物平台

一、认识网购

1. 网购的概念和现状

电子商务的高速发展为网络购物提供了良好的平台。随着电子商务在一、二线城市的发展逐渐趋向饱和，电商企业开始逐渐将目光转向三、四线城市及农村市场。在我国农村人口占总人口比重较大、互联网已在我国的普及、互联网消费需求与日俱增的前提下，极有可能在农村催生巨大的互联网市场，即农村网购市场。"互联网＋"正以前所未有的速度融入中国农村，农村电子商务已经步入了发展的"黄金时代"。农村居民在收入和消费水平均取得了较大程度提高的条件下，逐渐选择网购。

网上购物就是通过互联网检索商品信息，并通过电子订购单发出购物请求，然后填上私人支票账号或信用卡的号码，厂商通过邮购的方式发货，或是通过快递公司送货上门。网购是一种新颖的消费模式，自问世以来，便以操作快捷、选择面广、交易成本低等优势聚集了人气。

2015 年，E 电商发布了有关农村电商市场发展条件的调查报告。数据显示，我国农村市场消费潜力巨大，2016 年网购市场有望突破4 600 亿元，未来消费规模可能超过城市。其消费特点包括：

（1）农村居民网购接受率高。调查显示，农村居民网购接受率高达 84.41％，人均年网购消费金额预计为 500～2 100 元，主要集中于日用品、服装及家电等领域。

（2）农村消费群体年轻化，消费方式移动化。在 30 岁以下的网民中，农村网民所占比例高，其中 20～29 岁的农村网民占农村消费群体的 32％，是网络消费的主力军。另外，2013 年农村网民使用手机等移动端的比例达 84.6％，高出城镇约 5 个百分点。

（3）消费群体基数大，购买力强。我国新生代农民工超过一亿人，平均月收入 1 748 元，月光族约占 70％，平均每月购物消费超过 800 元，一年将产生一万亿元的购买力。其中 10％以上的收入用来购买服饰，购买方式以网购为主。

（4）农村市场规模潜力巨大。2016 年，全国农村网购市场总量有望突破 4 600 亿元，10 年或 20 年后，农村电商市场可能会反超城市。

阿里集团自 2014 年便已启动千县万村计划，打响农村牌，苏宁、京东也跟进加速"掘金"农村市场，农村电商市场已然成为众商家的必争之地。

农村电商的发展一般从生鲜类商品着手，而后向各领域延伸。据悉，目前仅农村的生鲜电商市场就云集了阿里巴巴集团的农村淘宝和天猫、沃尔玛生鲜等多家电商平台，而服装服饰品类也是各大电商平台布局农村电商的着力点，服装企业抢占农村网购市场的大幕已经拉开。

2. 网上购物的优势

（1）省时省力。在网上查找全部的商品只需要几分钟的时间就可以了，无需再去人群拥挤的大街上寻找。从累断双腿的逛街发展到鼠标操控的网络购物，只要有确定的购买目标，在商城中稍加搜索就能直接找到。

（2）省钱。目前，网上在线商城已经突破两万家，其发展如此迅猛的原因在于网络营销的低门槛——无需超大的库存，无需租用昂贵的店面，进货渠道也不复杂，这就导致网络经营的低廉成本，所以网上的商品要比现实中便宜很多，在网上买同样的产品可以省不少钱。

（3）相对安全。总体来说，网上购物的支付系统还是很安全的。现在的网上银行比以前要复杂得多，程序的增加就是安全性的增加，更何况还有许多第三方交易平台，如支付宝等，保证顾客付出的钱绝对有迹可循。

（4）商品种类齐全。在网上商城，用一个页面就可以直观清晰地描述出这种产品的基本参数和数据，让顾客清晰地了解其特性。同时，网上商城包括了几乎所有的东西，甚至零售业也在网上异军突起，迅猛地发展。

（5）可以进行价格比较。现在有很多导购类比较购物网站，在这些网站上可以很直观地比较不同商城中同一款产品的价格，使顾客坐在那里就可以寻找到最低的价格。

（6）足不出户就能收到货物。付款后，甚至采用货到付款的形式也一样，货物将以最快的速度送到顾客手中。

（7）订单不受时间的限制。只要有网络，想什么时候买就什么时候买。

由上可知，对于消费者来说，网购如同在家"逛商店"，订货不受时间、地点的限制；可获得较大量的商品信息，买到当地没有的商品；网上支付较传统的现金支付更加安全，可避免丢失或遭到抢劫；从订货、买货到货物上门无需亲临现场，既省时又省力。同时，由于网上的商品省去租店面、招雇员及储存保管等一系列费用，总的来说其价格较一般商场的同类商品更低，还可以保护个人隐私。

对于商家来说，由于网上销售的库存压力较小、经营成本低、经营规模不受场地限制等，将来会有更多的企业选择网上销售，并通过互联网对市场信息的及时反馈适时调整经营战略，提高企业的经济效益和参与国际竞争的能力。

对于整个市场经济来说，这种新型的购物模式可在更大的范围内、更广的层面上以更高的效率实现资源配置。

综上可以看出，网上购物突破了传统商务的障碍，优点很多。无论对消费者、企业还是市场都有着巨大的吸引力和影响力，在新经济时期无疑是达到"多赢"效果的理想模式。

3. 网上购物的劣势

（1）由于看不到实物只能看介绍和图片，有时会有一定的误差。不过，如果能有的放矢地进行网上购物，就能较好地克服这个劣势。如在实体店中碰到了自己喜欢的东东，问清价格，然后回家打开电脑搜索，一定会得到意想不到的收获；如果想买的是名牌专卖品，你完全可以先到当地的实体店试过，然后再来网上买，再划算不过了。

（2）容易受骗。在店面购物可以看到实物、辨别真假，而网上只有图片，有时候难免鱼龙混杂，不是每家价格标得很低的商家都能保证他们销售的产品是没有质量问题的，里面会有以次充好的现象，甚至是假货。在购买时，应注意识别，如果价格差别太大，就应有所怀疑，不要图便宜而买到假货。

（3）邮寄需要一定时间。在货物的配送速度上，从顾客在网上选购好商品、下单，到收到真正的产品短则一两天，多则一个星期。如果网购商品出现了问题，需要再通过邮寄或配送环节更换产品，这样就会浪费很长的时间。

此外，网上支付也有一定的风险，网上盗号、盗密码的大有人在，而且不好应付。同时，网上购物的售后很难保证，因为在网上购物时，消费者往往得不到发票，产品也享受不到保修服务，消费者想要进行维权会很难。发票是消费者维权的基本凭证，没有发票就无法解决质量纠纷。现在，在全国已出现多起消费者因为在网店购买手机或家电由于没有发票而造成厂商不予负责售后问题的案件。

二、认识主流网络购物平台

（一）淘宝网

1. 淘宝网概况

淘宝网致力打造全球领先的网络零售商圈，其使命是"没有淘不到的宝贝，没有卖不出的宝贝"。淘宝网由阿里巴巴集团于 2003 年 5 月 10 日投资创立，其业务跨越 C2C（个人对个人）、B2C（商家对个人）两大部分。仅 2017 年"双十一"，淘宝和天猫的成交额就高，达 1 682 亿元。

淘宝网提倡诚信、活跃、快速的网络交易文化，坚持"宝可不淘，信不能弃"。在为淘宝会员打造更安全高效的网络交易平台的同时，淘宝网也全力营造和倡导互帮互助、轻松活泼的家庭式氛围。每位在淘宝网进行交易的人，不但能更加迅速高效地完成交易，而且可以交到更多朋友。现在，淘宝网已成为广大网民网上创业和以商会友的首选。2005 年 10 月，淘宝网宣布，在未来 5 年，为社会创造 100 万个工作机会，帮助更多网民在淘宝网上就业，甚至创业。至 2007 年，淘宝网已经为社会创造了超过 20 万个直接就业的岗位。特别是在 2008 年金融危机的大背景下，通过淘宝网进行的消费，无论是数量还是金额都在逆势而升。

淘宝的商品数目在近几年有了明显的增加，从汽车、电脑到服饰、家居用品，分类齐全，除此之外还设置了网络游戏装备交易区。与易趣不同的是，会员在交易过程中可以感觉到轻松活泼的家庭式文化氛围，其中一个例子是会员及时沟通工具——淘宝旺旺。会员注册之后，淘宝网和淘宝旺旺的会员名将通用，如果用户进入某一店铺，正好店主也在线，会出现掌柜在线的图标，可及时地发送、接收信息。淘宝旺旺具备了查看交易历史、了解对方信用情况、个人信息、头像、多方聊天等一般聊天工具所具备的功能。

淘宝网的创立为国内互联网用户提供了更好的个人交易场所，凭借着迅速的发展以及在个人交易领域的独特文化，淘宝网荣获财经时报与搜狐公司 2003 年度评选的"国内 10 大最佳投资"的荣誉。淘宝网的用户体验好，页面漂亮，商品分类清晰，有自己的聊天工具，还有专人团队管理网站的商品信息是否分类正确，处理投诉举报及时合理。完善的管理制度使得众多专业网民、菜鸟网民都把淘宝网作为他们网上创业和以商会友的首选。

当卖家们在易趣不得不开始缴纳登录费和交易费的时候，淘宝网推出了免费注册、免费认证、免费网上服务的营销战略，并承诺至少三年之内不收费，这一举措吸引了大批卖家的跳槽。在品牌推广上，当易趣重点炮轰大型门户网站广告位的时候，淘宝网瞄准了成千上万的中小网站，仅靠散兵游勇就成功地推广了淘宝的品牌，并迅速瓜分了易趣在中国的网上拍卖市场。

2. 淘宝网的农村网购

2014 年，淘宝网所属的阿里巴巴集团推出"农村淘宝"模式，这也是当前电商平台下乡的主流模式。其核心思路是通过 O2O 的方式，在县城建立县级电子商务运营中心，在农村建立村级服务站，构筑"县—村"两级的农村电子服务体系，一方面打通"消费品下乡"的信息流和物流通道，另一方面探索"农产品上行"渠道，最终形成面向农民的互联网生态服务中心。

农村淘宝模式自 2014 年落地以来，发展迅速。截至 2015 年 6 月底，农村淘宝已累计覆盖全国 17 个省，建立了 63 个县级服务中心，建成 1 803 个村点服务站。农村淘宝模式的优势有：

（1）双向流通渠道。拥有超过 850 万家活跃卖家、10 亿级在线商品数量的淘宝网，在消费品下乡方面优势明显。同时，农村淘宝村级服务站的代卖职能、淘宝特色中国地方馆、低门槛的创业模式都为农产品上行提供了便利条件。

（2）开放平台带来的普惠效应。相比商品集采的上行模式，农村淘宝的普惠效应更强，各个地域可以根据自身的产品特点自主展开营销，同时也避免了单一电商平台采购资金有限的 弊端。

（3）·体化县域电商解决方案。得益于阿里集团旗下丰富多元的业务布局，农村淘宝项目的引入，意味着一个区域可以得到包括培训、金融、物流、农产品等业务在内的一体化县域电商解决方案。

（4）电商生态培育能力。相比于单一的集采模式，基于大淘宝生态的农村淘宝模式在区域电商生态体系打造、服务商培育方面具有先天的优势。

（二）京东商城

1. 京东商城概况

京东商城于 2004 年正式涉足电商领域。2016 年，京东集团市场交易额达到 9 392 亿元，净收入达到 2 601 亿元，同比增长 43%。京东是中国收入规模最大的互联网企业。2016 年 7 月，京东入榜 2016 年《财富》全球 500 强，成为中国首家、也是唯一入选的互联网企业。2014 年 5 月，京东集团在美国纳斯达克证券交易所正式挂牌上市，是中国第一个成功赴美上市的大型综合型电商平台，并成功跻身全球前十大互联网公司排行榜，2015 年 7 月，京东凭借高成长性入选纳斯达克 100 指数和纳斯达克 100 平均加权指数。

截至 2017 年 3 月 31 日，京东集团拥有超过 12 万名正式员工，并间接拉动众包配送员、乡村推广员、中小企业职员等，就业人数超过 400 万人。2016 年，京东全面推进落实电商精准扶贫工作，通过品牌品质、自营直采、地方特产、众筹扶贫等模式，在 832 个国家级贫困县扩展近 5 000 家合作商家，上线贫困地区商品近 200 万个，实现扶贫农产品销售额近百亿元。依托强大的物流基础设施网络和供应链整合能力，京东大幅提升了行业运营效率，降低了社会成本。在品质电商的理念下，京东优化电商模式，精耕细作，反哺实体经济，进一步助力供给侧改革。京东以社会和环境为抓手整合内外资源，与政府、媒体和公益组织协同创新，为用户、合作伙伴、员工、环境和社会创造共享价值。

京东商城是中国 B2C 市场最大的 3C 网购专业平台，是中国电子商务领域最受消费者欢迎和最具影响力的电子商务网站之一。京东商城目前拥有遍及全国各地的 2 500 万名注册用户，近 6 000 家供应商，在线销售家电、数码通信、电脑、家居百货、服装服饰、母婴、图书、食品等 11 大类数万个品牌百万种优质商品，日订单处理量超过 30 万单，网站日均页面浏览量（PV）超过 5 000 万。

2010 年,京东商城跃升为中国首家规模超过百亿的网络零售企业,连续六年增长率均超过 200%,现占据中国网络零售市场份额的 35.6%,连续 10 个季度蝉联行业头名。

相较于同类电子商务网站,京东商城拥有更为丰富的商品种类,并凭借更具竞争力的价格和逐渐完善的物流配送体系等各项优势,取得了市场占有率多年稳居行业首位的骄人成绩。未来,京东商城将坚持"以产品、价格、服务为中心"的发展战略,不断增强信息系统、产品操作和物流技术三大核心竞争力,始终以服务、创新和消费者价值最大化为发展目标,不仅将京东商城打造成国内最具价值的 B2C 电子商务网站,更要成为中国 3C 电子商务领域的翘楚,引领高品质时尚生活。

2. 京东商城的农村网购

(1)"县级服务中心+京东帮服务店+乡村推广员"。京东商城的农村网购模式为"县级服务中心+京东帮服务店+乡村推广员",主要通过县级服务中心和京东帮服务店,快速完成全国县域市场的网络覆盖。京东县级服务中心从各地区原有的京东配送站基础上升级而来,由京东自主经营。京东帮服务店则采用合作模式运作,其定位是农村大家电营销、配送、安装、维修一站式服务。目前的京东帮服务店内部主要有服务区、网络下单区、农村商品展示区三大块功能。在农村,京东主要通过乡村推广员来实现村民代买服务。在农产品上行方面,京东主要通过采集的方式,选择重点县域进行直接采购。

(2)京东无人机农村物流配送。2016 年,京东推出了农村物流的新技术——无人机。物流全自动化将是未来物流发展的趋势,就无人机送货而言,它对农村物流来说是一个突破性的试验。农村地区人口分散,网购规模尚小,挨家挨户地送货上门成本太高,但其地域辽阔,空中障碍物少,这正是无人机在农村大展拳脚的优势所在。据悉,一架无人机工作一天的成本只需要几元钱,而且是自动卸货、自动返回,还能解决农村逆向物流的问题。

(3)京东便利店。2017 年 4 月,京东宣布计划要在我国农村乡镇地区开设大约五十万家便利店，使农村实现"村村都便利"。可以看出，京东在农村市场的开拓，开始以线下的方式进行渗透，不再单单依靠线上渠道。其旗下的线下店集线上和线下双重优势，担当着京东销售渠道的角色。

（三）苏宁易购

1. 苏宁易购概况

苏宁易购总部位于江苏省南京市，是苏宁云商集团股份有限公司旗下的新一代 B2C 网上购物平台。从 1999 年开始，苏宁电器就开始了长达 10 年的电子商务研究，先后对 8848、新浪网等网站进行过拜访，并承办了新浪网首个电器商城，尝试门户网购嫁接，并于 2005 年组建 B2C 部门，开始了自己的电子商务尝试。目前，苏宁易购位居中国 B2C 市场份额前三强。

2011 年，苏宁易购强化虚拟网络与实体店面的同步发展，不断提升网络市场份额，同时，苏宁易购依托强大的物流、售后服务及信息化支持，继续保持快速的发展步伐。到 2020 年，苏宁易购计划实现 3 000 亿元的销售规模，成为中国领先的 B2C 平台之一。2015 年 8 月 17 日，苏宁易购正式入驻天猫。

苏宁易购是苏宁电器旗下新一代 B2C 综合网上购物平台，现已覆盖传统家电、3C 电器、日用百货等品类。苏宁电器高层表示，苏宁易购的各项基础运营平台和外部推广条件已经全部成熟，苏宁电器将依托自身庞大的采购和服务网络，全球数千家家电厂商、IBM、思科等技术合作伙伴以及新浪等网站倾力合作，力争用三年时间使苏宁易购占据中国家电网购市场超过 20% 的份额，将其打造成为中国最大的 3C 家电 B2C 网站，强化与实体门店"陆军"协同作战的虚拟网络"空军"，全面创新连锁模式。

2. 苏宁易购的农村网购

（1）苏宁推进物流建设。苏宁物流大力发展基础建设，在 14 个区建设了 22 条省内干线，为农村三、四级市场开拓战略的落地做出了良好的铺垫。此外，苏宁开展了"物流云"项目，计划未来在全国建设多个自动化分拣中心、区域物流中心、城市分拨中心及社区配送站。

（2）升级农村服务站，完善物流网。苏宁于 2014 年将原本200 家乡镇售后维修点改造为集代替顾客下订单、"最后一公里"配送，售后维修保养等功能于一体的创新型乡村服务站点。与此同时，苏宁不断增加服务站数量来延伸线下的物流网络，打造消费者"看得见的网购"。

（3）直营店、服务站合力低成本调拨。苏宁的物流体系覆盖了全国 90％的区县、84％的乡镇，全国 1 000 多个乡镇都设立了苏宁易购直营店。为了迅速占领农村电商市场，苏宁继续扩大对乡镇直营店的布局范围，努力做到直营店数量翻倍。为了解决农村物流成本高这一问题，苏宁物流优化运输路线，使多个直营店、服务站串成线，实现了低成本调拨、一车覆盖一片区。

任务二　各主流网购平台的购物流程

互联网的兴起使人们在网上购物成为现实，而电子商务也已成为家喻户晓的名词。现如今，网上购物已为一种时尚，下面以淘宝网、京东商城和苏宁易购为例，为大家介绍如何进行网上购物。

一、淘宝网购物流程

（一）网购前的准备

1. 注册淘宝账号

第一步，打开淘宝网首页（http：//www.taobao.com），在账户未登录的情况下，还没有注册旺旺的请点击"免费注册"，已有旺旺请直接点击"登录"（图 3-1）。

第二步，根据页面提示输入手机接收到的验证码进行验证。若

图 3-1 打开淘宝网

页面提示手机账户已存在，则可进行以下操作（图 3-2）：

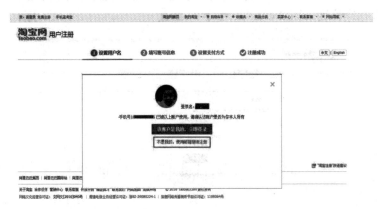

图 3-2 验证淘宝账号

（1）提示账号是您本人的。如希望直接使用该账号，可以直接点击"该账户是我的，立即登录"，登录该账号。

（2）该账号长期未使用或该账号不是您本人的。可以点击"不是我的，使用邮箱继续注册"，注册新的账号。注册步骤为：

①填写个人信息，注意一定要记好自己的会员名和密码（图3-3）。

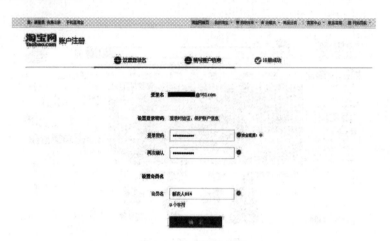

图 3-3　注册淘宝账号

②这时，你的手机会收到一条短信，然后把短信中的验证码填入相应位置（图 3-4）。

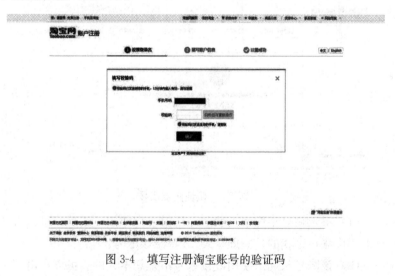

图 3-4　填写注册淘宝账号的验证码

③点击验证。此时你已经注册成功（图 3-5）。

温馨提示：填写注册信息时，淘宝是支持中文会员名的。另外，在"请填写常用的电子邮件地址，淘宝需要您通过邮件完成注

图 3-5　淘宝账号注册成功

册"下面会要求你填写邮箱地址，这个邮箱地址很重要，请不要随便填写，因为这个跟支付宝账户是有联系的。确认注册以后，淘宝会发一封确认信到你的注册邮箱，打开你的邮箱确认激活便可。激活后会跳转到淘宝网页。

2. 注册支付宝账号

如果淘宝网的注册是按照推荐操作进行的，则自动拥有支付宝账号，本步骤可跳过。

另外，也可以登录支付宝网站 https：//www.alipay.com/，点击"免费注册"，根据页面提示操作（图 3-6）。

温馨提示：注册淘宝账号同步生成支付宝，如果你已注册淘宝，就无需注册支付宝了。你可以用注册淘宝账号时使用的手机或者邮箱登录支付宝，也可以登录淘宝后进入支付宝。淘宝进入支付宝的路径为：登录淘宝（www.taobao.com）网页，点击网页右上角"我的淘宝-账户设置-支付宝绑定设置-进入支付宝"。激活成功后，登录支付宝，设定支付宝相关信息。然后登录淘宝，在淘宝里面设置好支付宝账号。

3. 开通网银

到银行开通网上银行服务。

支付宝的充值方式有很多种，包括网银充值、支付宝卡通、邮

图 3-6 注册支付宝账号

局充值、网点充值、找朋友代充值、百联卡充值、话费充值卡、便利通卡充值、消费卡充值等。但支付宝最常用的当数网上银行充值，所以在网上购物时要先开通网上银行。

开通网上银行时，拿着自己的银行卡、身份证去银行办理就可以了，银行会给你介绍如何开通，并给你密保卡或者 U 盾，U 盾的安全性更高一点。开通网上银行以后，将银行卡与支付宝绑定，就可以网上充钱购物了。银行卡和支付宝里的钱可以相互转存。

（二）在淘宝网上挑选、购买商品

注册完成之后，我们就可以开始购物了。

（1）登录淘宝网会员名，输入需要的商品的名称，点击"搜索"。

在登录淘宝网时，推荐使用为保障数据传输安全的 SSL 登录方式，登录前需要安装安全控件。

如图 3-7 所示，在勾选"使用安全控件登录"的状态下登录为安全登录。

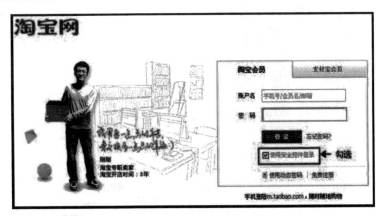

图 3-7　登录淘宝网

我们可以在搜索栏中搜索想要的商品，也可以在类目中查找（图 3-8，图 3-9）。

图 3-8　搜索淘宝商品（1）

（2）选择品牌/款式（图 3-10）。

找到宝贝之后，选择颜色、大小、数量，点击"立即购买"。如果还想在这家买别的宝贝就点击"放入购物车"，然后就可以继续看其他宝贝了（图 3-11）。

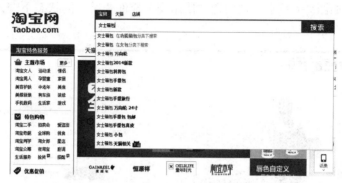

图 3-9　搜索淘宝商品（2）

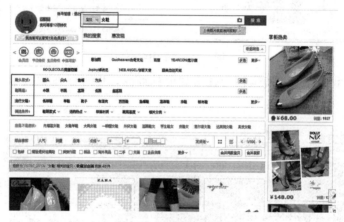

图 3-10　选择淘宝商品

图 3-11　选定淘宝商品

等选好其他宝贝后，可以直接去购物车一起结算。点击"立即购买"进入下一页，第一次购买时，会弹出收件人地址、姓名、电话，需要仔细填写（图 3-12）。

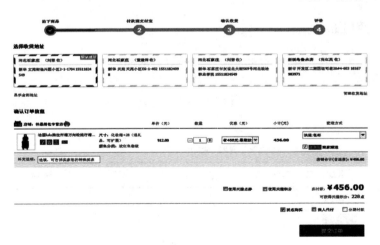

图 3-12　填写淘宝网收货地址

（3）填好自己的收货地址，点击"提交订单"，确认订单无误之后，点击"付款"，可以选择自己喜欢的付款方式进行支付（图 3-13，图 3-14）。

支付宝支付操作流程

图 3-13　提交淘宝网订单（1）

图 3-14　提交淘宝网订单（2）

提交订单之后，我们要通过支付宝或网上银行支付货款（图 3-15，图 3-16）。

图 3-15　支付宝付款

图 3-16　网上银行付款

在支付界面，输入密码，再点击"确认付款"，即完成付款（图 3-17）。

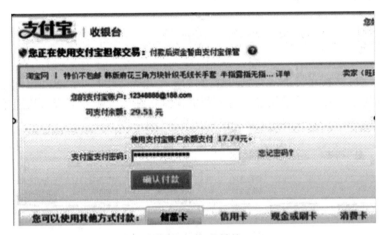

图 3-17　完成付款

如果支付宝里没有钱了，可以直接用网银支付。支付时需要输入支付密码，然后就可以通知商家发货了。

如果不想买这个宝贝了，则需在商家发货之前选择"取消订单"（图 3-18），然后点击"确定"即可。

图 3-18　取消订单

如果是收到货物之后想取消购物，则需联系卖家，商谈好相关事宜，然后把宝贝寄回商家，商家则会在收到宝贝后退回货款。

温馨提示：选择商品时，可将宝贝保存在购物车中，再接着去选择其他的商品，最后再一起结算。挑选商品可以根据商品综合评价等参数参考，如果需要，最好能够购买运费险，这样，在退货过程中可以减少损失。如果需要卖家修改价格，要等卖家改好价格后，刷新该页面，然后继续付款。

（三）收货与评价

付款到支付宝之后就可以等待淘宝卖家发货了，若想知道商品到哪了，可以登录淘宝，进入我的淘宝，在淘宝账号上查看快递单号（图3-19），然后点击"查看物流"（图3-20）。

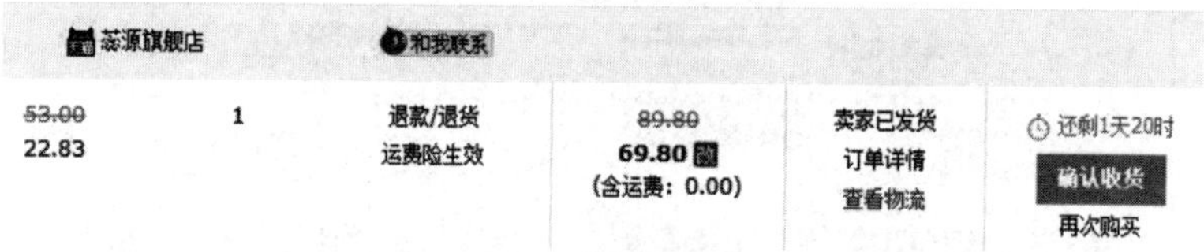

图 3-19　查看订单物流（1）

图 3-20　查看订单物流（2）

宝贝签收时，验货是一个重要环节，应该当着快递员的面拆封并检查，如有任何损坏应要求快递承担责任，如果商品质量有问题一定要及时联系商家，寻求解决方案，要求淘宝卖家退货或更换。

退货退款的几种情况为：

（1）卖家还未发货，需要退款。其流程为：点击"退款"→选择退款原因，填写退款说明→等待卖家确认→卖家同意退款→退款成功。

（2）卖家发货后，买家一直没收到货。打开待退款的订单信息，点开"退款/退货"，选择退款原因，填写退款说明，其中退款原因选择"未收到货"。然后提交退款申请，等待卖家确认。卖家同意后即完成退款（图 3-21，图 3-22）。

图 3-21　查看待退款订单信息

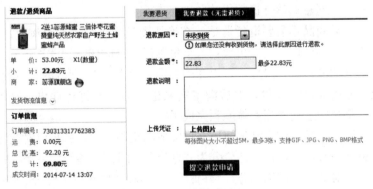

图 3-22　提交退款申请（1）

（3）已收到货，不需要退货但需要退款。打开待退款的订单信息，点开"退款/退货"，选择退款原因，填写退款说明，其中退款原因可选择"收到商品破损"。然后提交退款申请，等待卖家确认，卖家同意后即完成退款（图3-23）。

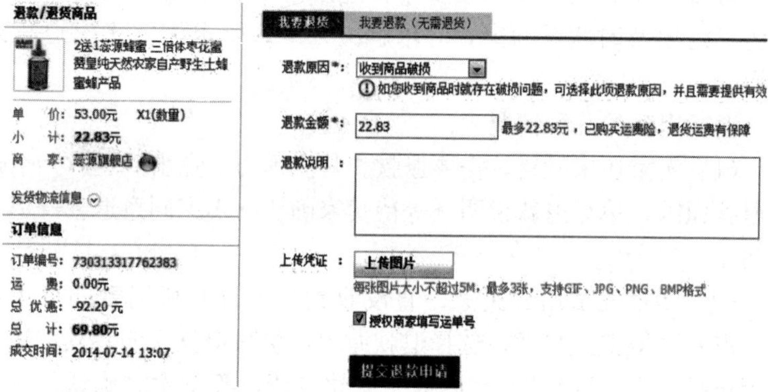

图3-23 提交退款申请（2）

（4）买家收到货，需要退货退款。买家收到货，需要退货退款的流程为：发起退款申请→选择退款原因，填写退款说明→退款协议，等待卖家确认→卖家同意退款，买家准备退货→卖家提供退货地址→点击"退货"，输入快递单号→等待卖家收到货，确认退款→卖家同意退款→退款成功。

如果商品不需要退货退款，在确认商品无误后，登录淘宝网，在买家中心确认收货并再次输入支付密码，这时候，钱才真正到淘宝卖家的账户上。最后，可以在淘宝网上对卖家态度和商品质量及快递服务等进行评价，然后淘宝卖家也会对买家进行评价。互评后，整个网上购物流程就顺利完成了。

淘宝会员在淘宝网每使用支付宝成功交易一次，就可以对交易对象做一次信用评价。评价分为"好评""中评""差评"三类，每种评价对应一个信用积分："好评"加一分，"中评"不加分，"差评"扣一分。图3-24为淘宝卖家评分体系。

温馨提示：在整个购物过程中，可以登录阿里旺旺（淘宝专用聊天软件）与商家对话，商家会详细解答你的问题并教你如何进行购物。

4~10分	♥
11~40分	♥♥
41~90分	♥♥♥
91~150分	♥♥♥♥
151~250分	♥♥♥♥♥
251~500分	♦
501~1 000分	♦♦
1 001~2 000分	♦♦♦
2 001~5 000分	♦♦♦♦
5 001~10 000分	♦♦♦♦♦
10 001~20 000分	♛
20 001~50 000分	♛♛
50 001~100 000分	♛♛♛
100 001~200 000分	♛♛♛♛
200 001~500 000分	♛♛♛♛♛
500 001~1 000 000分	♚
1 000 001~2 000 000分	♚♚
2 000 001~5 000 000分	♚♚♚
5 000 001~10 000 000分	♚♚♚♚
10 000 001分以上	♚♚♚♚♚

图 3-24　淘宝卖家评分体系

二、京东商城购物流程

（一）购物前的准备

1. 注册京东账号

①打开京东首页（http：//www.jd.com），在账户未登录情况下，还没有注册的请点击"免费注册"，已注册的请直接点击"请登录"（图 3-25）。

图 3-25　打开京东首页

②进入注册页面，填写邮箱、手机等个人信息，选中"我已阅读并同意《京东商城用户协议》"，并点"立即注册"完成注册。请在注册时务必详细填写个人信息（图 3-26）。

温馨提示：填写注册信息时，一定要牢记自己的会员名和密码。如果忘记密码，京东商城提供找回密码的功能，请在忘记密码的页面中输入您的 ID 号或注册时的电子邮箱，系统将发送找回密码的链接到注册邮箱中。

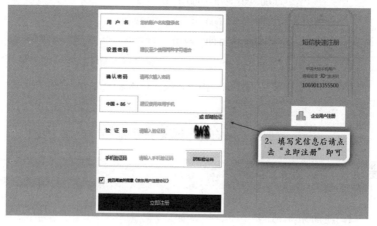

图 3-26　注册京东账号

③注册成功后，请完成账户安全验证，从而提高账户的安全等级。

2. 开通网银

到银行开通网上银行服务。开通网上银行时，拿着自己的银行卡、身份证去银行办理就可以了，银行会给你介绍如何开通，并给你密保卡或者 U 盾，U 盾的安全性更高一点。开通网上银行以后，就可以网上充钱购物了。

■■ （二）在京东商城上挑选购买商品

（1）登录京东账号，输入需要的商品的名称，点击"搜索"（查找商品时，可以通过左侧的商品分类查找，也可在顶部的搜索框输入商品型号查找）。浏览要购买的商品，点击"加入购物车"，商品会自动添加到到购物车里。

（2）如果需要更改商品数量，需在商品数量框中输入购买数量（图 3-27）。

图 3-27　商品加入到京东购物车

（3）选好商品后，点击"去结算"（图 3-28）。

（4）详细填写收货人信息、支付方式、发票信息，核对送货清单等信息，如有备注信息，请在下方的"备注信息"中留言，留言不得超过 15 个字（图 3-29）。填写支付方式，如果不方便在线支付，且收货地址支持货到付款，可以选择"货到付款"。

（5）确认无误后，点击"提交订单"，生成新订单并显示订单

图 3-28　京东商品结算

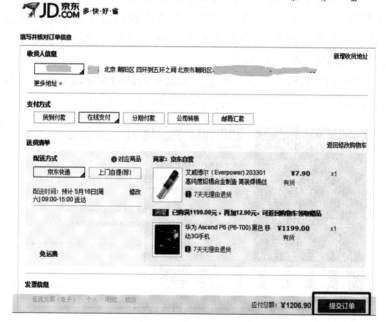

图 3-29　核实京东订单信息

编号。

温馨提示：可以选择凑单满 39 元免运费。若要查看订单详细信息，可进入"我的京东" → "订单中心"查看。如果要取消订单，直接在我的订单里面取消就可以了。在支付方式上，

微信支付操作流程

若为送货上门后再收款，支持现金、POS 机刷卡、支票、微信支付；若为在线支付即时到账，支持绝大多数银行的借记卡及部分银行信用卡；来京东自提时付款，支持现金、POS 机刷卡、支票支付；来校园营业厅自提自提时付款，支持现金、POS 机刷卡、支票支付；若通过快钱平台进行公司转账，转账后 1～3 个工作日内可到账；若通过快钱平台进行邮局汇款，汇款后 1～3 个工作日可到账。

■■■ （三）收货与评价

付款签收后，可以当场验收商品，如商品没有问题，收货后可撰写商品评价，如商品本身有问题，可在"我的京东"中提交退换货申请，将有专业售后人员为您解决。申请退货的方法为：

（1）访问京东商城网站，登录账号（图 3-30）。

图 3-30　登录京东商城

（2）进入"我的订单"页面，然后在订单里面点击要退货的订单后面的"返修/退换货"（图 3-31）。

（3）进入商品"退货申请"页面（图 3-32）。

（4）选择服务类型为"退货"，提交数量，对退货问题进行描述并上传商品图片，填写取货方式、收货人电话及地址后提交审核（图 3-33）。

图 3-31　京东商城退货（1）

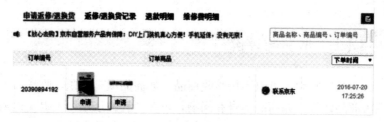

图 3-32　京东商城退货（2）

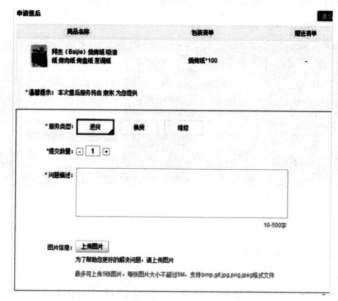

图 3-33　京东商城退货（3）

（5）提交申请后，工作人员会在 2～3 个工作日进行审核，你可以在"返修/退换货记录"中查看退货的结果（图 3-34）。

图 3-34　京东商城退货（4）

三、苏宁易购购物流程

■■■（一）购物前的准备

1. 注册账号

打开苏宁易购网站（http：//www.suning.com），点击网页左上角的"免费注册"（图 3-35）。

图 3-35　苏宁易购账户注册（1）

进入注册页面后，可以选择"邮箱注册"和"手机注册"，以下以邮箱注册为例（图 3-36）。

填写注册信息时，邮箱地址必须是未被注册使用的电子邮箱。然后，按照网页提示，填写注册信息及密码，选中"同意《苏宁易购会员章程》与《易付宝协议》，并同步创建易付宝账户"，完成注册（图 3-37，图 3-38）。

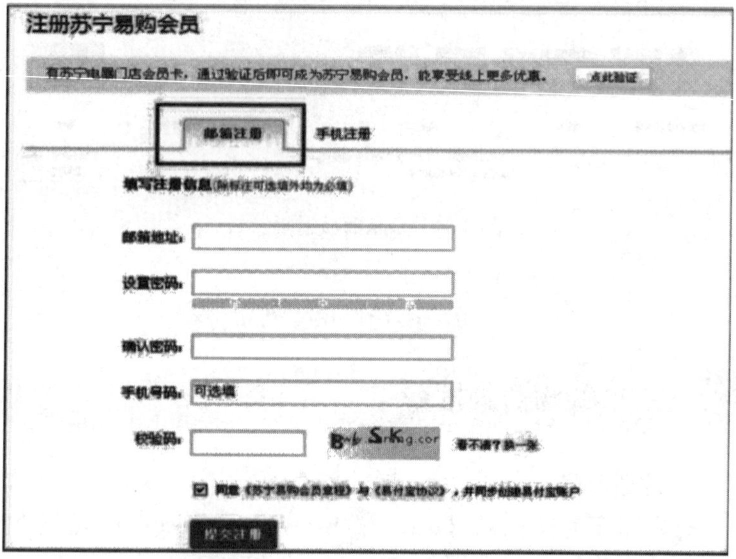

图 3-36　苏宁易购账户注册（2）

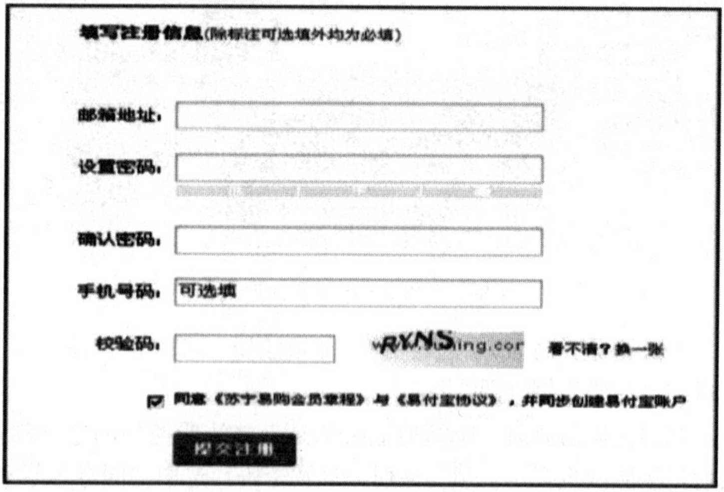

图 3-37　苏宁易购账户注册（3）

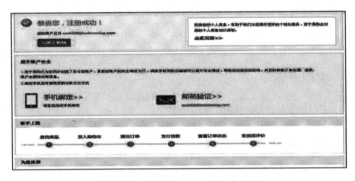

图 3-38　苏宁易购账户注册（4）

2. 激活易付宝

　　苏宁易购的注册会员，同步拥有易付宝账户，可以在苏宁易购上直接给易付宝账户充值，付款时用易付宝直接支付。易付宝账户激活后，即可享受信用卡还款、水电煤缴费等各种应用服务（图 3-39）。

图 3-39　激活苏宁易付宝

■■■ （二）在苏宁易购上挑选购买商品

　　（1）打开苏宁易购网站，点击网页左上角"登录"（图 3-40）。

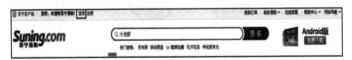

图 3-40　登录苏宁易购（1）

101

（2）填写用户名和密码。用户名可以是邮箱账号、手机号码、昵称（图 3-41）。

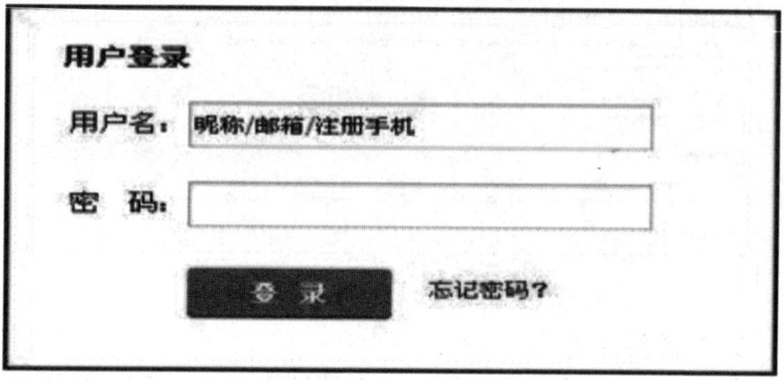

用户登录

用户名：昵称/邮箱/注册手机

密　码：

登　录　　忘记密码？

图 3-41　登录苏宁易购（2）

温馨提示：为了保证账户安全，请确保登录密码正确，若密码 10 次输入错误，账户将被锁定。如被锁定，需要联系在线客服或致电 4008-198-198 进行解锁。

（3）搜索商品。可以在搜索框中输入信息检索（商品搜索框位于页首中部，在搜索框中可输入要搜索物品的关键词，完成后点击"搜索"按钮），也可以在左侧导航栏中查找相关信息（图 3-42）。

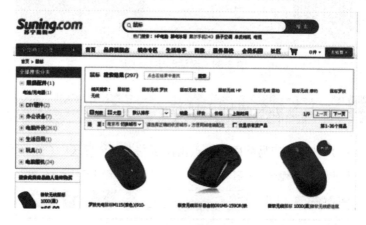

图 3-42　搜索苏宁易购的商品

（4）购买。选择好想要购买的商品后，选择相应的颜色、型号和数量。点击"加入购物车"，将该商品加入购物车（图3-43）。

图3-43 选购苏宁易购的商品

成功加入购物车后，页面会跳转至"我的购物车"界面（图3-44）。

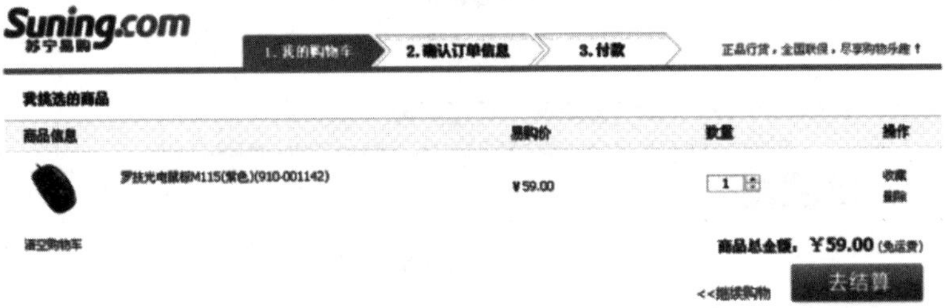

图3-44 "我的购物车"界面

温馨提示：在"我的购物车"界面，还可以进行以下操作：①购买商品，如果确定想购买此商品，可以点击"去结算"，进入下一步购买页面；②更改数量，可以在输入框中直接输入想购买的数量，也可以通过点击输入框中的上下箭头轻松操作；③删除商

103

品，如果确定不想购买此商品，可以点击"删除"，将商品从购物车中删除，如果想一次从购物车中删除所有商品，可以点击"清空购物车"；④继续购物，如果还想购买其他商品，可以点击"继续购物"，页面将跳转至首页；⑤阳光包，苏宁易购部分商品提供延保服务阳光包，如果想购买，可以点击"购买延长保修服务阳光包"。

（5）填写订单信息。为了能及时收到商品，需要准确填写收货信息，确认收货方式、发票信息和支付方式。要注意的是，在这个步骤中，可以选择使用优惠券或者礼品卡，根据页面的提示完成订单信息。其中，配送方式可以选择苏宁配送或者顾客自提。如果选择苏宁配送并且是第一次在苏宁易购下单，应点击"添加新地址"，将收货人、手机号码、地址等必填选项信息填写完整；如果以前在苏宁易购购买过商品，系统会自动保存上次的送货地址（图 3-45）。

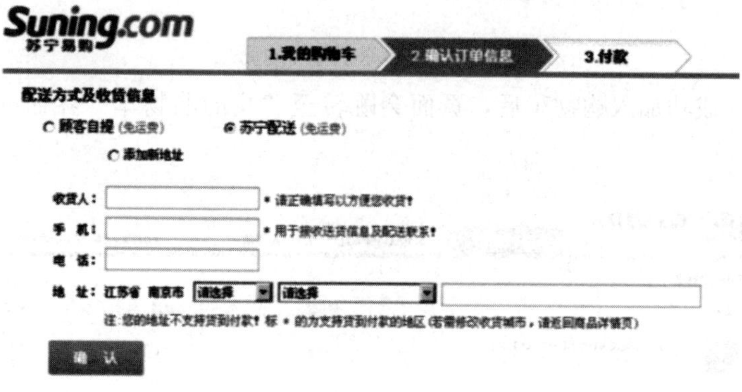

图 3-45　确认订单信息

确定收货信息后，可以对送达时间、安装时间等内容进行修改（图 3-46）。

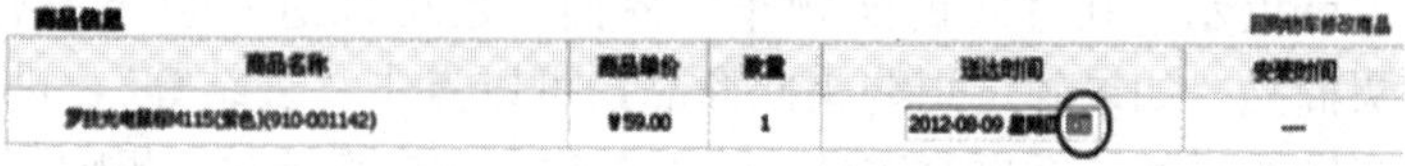

图 3-46　选择送达时间

确定发票信息后，会出现"商品送达/安装时间"，可以以自己工作或者休息的合适时间作为参考，选择合适的收货日期。

（6）付款。在确认好订单信息后，建议及时支付，因为超过24小时未付款的订单将被系统自动取消。苏宁易购现支持易付宝支付、网银支付、货到付款、分期付款等多种支付方式（图3-47）。确认支付方式之后，填写收货人的手机号码，点击"提交订单"。支付方式确定后一般无法更改。成功提交的订单如图3-48所示。

图 3-47 支付界面

图 3-48 支付成功后界面

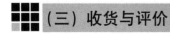（三）收货与评价

订单付款成功后，系统会自动发送收货校验码到收货人的手机上，如果没有收到校验码信息，可以在"我的易购—订单中心"和注册邮箱中查询。除"货到付款—现金支付"的支付方式不需要校

验码以外，其余支付方式收货时要出示校验码进行验证。校验码用于收货人身份验证，请妥善保存，以免造成货物冒领。

收到货物后，请务必依据商品外包装信息认真检查所收货物与订购的商品型号、数量、外观和质量等是否一致。如果确认无误，请签收；如果发现有出入，请当场拒收。签收后如果发现有质量问题，可以随时带上商品和发票，到当地厂家售后网点进行检测。苏宁易购也提供了在线受理退换货的服务，应在申请退换货前了解退换货相关条款，确认符合退换货标准后，只需登录个人账户，在"我的易购—退换货服务"页面中根据提示在线提交申请信息即可。退换货申请流程如图 3-49 所示。

图 3-49　苏宁易购退换货申请流程

确认收货以后，可以进入"我的易购"中的订单中心，点击"评价/晒单"，进行评价，至此，购物过程结束（图 3-50）。

图 3-50　苏宁易购购物的评价

任务三　体验第一次网购

一、第一次网购体验

网购是一种方便、快捷且价格优惠的购物方式，现在已有越来越多的年轻人，甚至中老年人爱上了网购。无论你是珠光宝气的富人、时尚的企业白领还是普通的工薪阶层，相信大部分人都有过网上购物的经历。下面就简单分享一下笔者的第一次淘宝经历。

当时，未婚夫的生日临近，但两人相距上万千米，何况这是平生第一次给他过生日，于是决定从淘宝网上给他买一个生日礼物。首先，注册并登录淘宝网，在搜索栏输入"生日礼物"，出来了很多商品，令人目不暇接。最后，我决定给他买一份纪念品。经过三天的商品比较和思考及向店家询问质量、物流等问题后，我拍下了一套《生日报》礼盒——两份与他同年同月同日诞生的老报纸（《解放军日报》《大众日报》），放在一个精美的木质礼盒里，礼盒上有书法大师写的"珍藏这一天"几个烫金大字，同时配有一系列精美附件，如手提袋、收藏证书、生肖剪纸、生日贺卡、历史上的今天等，价格总计 155 元（图3-51）。

然后，我按要求填写订单信息并最后核实了购物车中的商品、订单金额、送货信息、付款信息、支付方式和留言内容后，点击"提交订单"，产生了一个订单号。结完账后，我就开始关注物流速度，希望他能早点收到货。

四天以后（5 月 16 日），他那边收到礼品，非常感动。我这边点击"确认收货"并进行评价，至此，第一次网购顺利结束（图3-52）。

2011-05-12 订单号：76126218822638　　　hongjun895　　　给我留言

	商品	单价	数量		合计
	80-90年代原版生日报 生日报纸 送男女友个性 生日礼物创意礼品 [交易快照]	¥30.00	1	投诉卖家	¥155.00 (含运费：¥10.00)
	冲冠原版生日报纸80-90年代出生地地方生日报创意生日礼物个性 [交易快照]	¥70.00	1	投诉卖家	
	冲冠·生日报·生日报纸生日礼物 木制礼盒精美包装盒K款 [交易快照]	¥50.00	1	投诉卖家	
	生日报附件 手提袋A款/生日报纸个性生日报 创意生日礼品 [交易快照]	¥5.00	1	投诉卖家	
	生日报附件 上上签·生日报最佳搭配/个性创意礼物 创意礼品 [交易快照]	¥5.00	1	投诉卖家	
	生日报附件 历史上的今天/生日报纸个性生日报 创意生日礼品 [交易快照]	¥10.00	1	投诉卖家	
	生日报 生日贺卡/男女朋友特别个性diy生日礼物 创意礼品 [交易快照]	¥5.00	1	投诉卖家	
	生日报附件 生肖剪纸/生日报纸个性生日报 创意生日礼品 [交易快照]	¥5.00	1	投诉卖家	
	生日报附件 收藏证书/生日报纸个性生日报 创意生日礼品 [交易快照]	¥5.00	1	投诉卖家	

图 3-51　第一次网购的商品清单

订单信息

订单编号：76126218822638		支付宝交易号：2011051268924802					
成交时间：2011-05-12 14:05:25		付款时间：2011-05-12 14:09:57			确认时间：2011-05-16 10:53:20		
宝贝	宝贝属性	状态	单价(元)	数量	优惠	商品总价(元)	运费(元)
冲冠原版生日报纸80-90年代出生地地方生日报创意生日礼物个性 ✔ 🏷	-	已确认收货	70.00	1	·卖家优惠28.00元		

图 3-52　第一次网购的部分订单信息

二、网上购物的技巧

很多熟悉网购的人都有自己的选购习惯和对商品的评判标准，这种选购习惯和对商品评判的方法大同小异。下面将以淘宝网购物为例，总结归纳一些购物技巧。

 ## （一）如何得到免费宝贝

1. 秒杀

所谓秒杀，是网络卖家发布一些超低价格的商品，所有买家在同一时间进行网上抢购的销售方式。由于商品价格低廉，往往一上架就被抢购一空，有时甚至只用一秒钟。网购秒杀从无到有、从有到强不过三个月时间。近来，联想、飞利浦、惠普等众多名牌产品也在淘宝网推出秒杀，一些价格不菲的电脑只需一元。

秒杀技巧一：确保你的电脑配置和网速在众多买家中处于领先水平，没法达到顶级，至少也是中上水平。同时，尽量使用更快速的浏览器，如火狐浏览器等。

秒杀技巧二：充分准备。首先，看准想要得到的宝贝，记下确切的秒杀时间，怕忘记的话可以校好你的闹钟提醒，最好提前半个小时登入淘宝网。开拍前确认自己处于登录状态，支付宝有充裕的余额，可别忘了每件宝贝除了产品价格之外，都要另加运费的。

秒杀技巧三：从拍下到支付，一气呵成。特别提示大家，淘宝秒杀和其他产品的网购程序有所差别，不是以拍下为准，而是以最终支付为准。在秒杀即将开始之前，应尽可能快地刷新产品网页，看到"立即购买"的字样跳出，要以条件反射般的极限速度开始接下来的步骤。切记在选择收货地址的时候，事先删除多余的地址，仅剩有效的一个。付款的时候，支付宝密码要短，且操作熟练。

秒杀技巧四：建议操作不太熟练的买家可以进行完整程序和分段式的模拟演习。分段式练习可以包括某个薄弱环节的加速训练以及手指、眼睛的协调能力等基本功。有条件者还可以用秒表计时，这样可以对各方面的缺陷有一个精准的估量，对于提高速度大有帮助。

2. 试用

一般完全免费，但需填写试用心得。

■■■ （二）如何淘到品质宝贝

在进行网上购物时，要仔细看商品的所有信息和描述。如果有些信息没有叙述，一定要向店家询问，不要想当然。对于店家的叙述也要仔细推敲，注意言外之意。

找到想买的商品以后，还应关注店家的信誉情况，同等条件下，优先选已经售出过此种商品的店家。一定要看买家对店家的评价资料，从中可以看出店家卖出过什么商品，有没有差评和中评，实际上就是考察与此店家交易的可靠性。必要时，还可以和已经买过此商品的买家联系，向其询问商品的质量情况。

在决定购买商品前，最好通过旺旺与店家联系，确认一些情况，如是否全新、是否带有某些附件、是否包邮等，这些谈话可以作为以后发生争执时的依据。在交谈中也可以和店家讨价还价（当然是有限度的），当最终谈好的价格与网上公布的价格不一样时，应先拍下宝贝，然后通知店家修改交易信息，修改好以后，再向支付宝打款。

交易一定要用支付宝，那种拍下商品后以各种借口让你直接汇款的店家九成是骗子。拍下商品以后，应尽快向支付宝打款，以便店家早日发货。收到宝贝后，要尽快完成必要的检验或测试，若没有大的问题，就可以通知支付宝付款；否则，应与店家联系，协商解决已经出现的问题。

（三）如何网购更省钱

1. 巧用商品搜索

搜索想要买的商品，这样，所有商品的价格便一目了然了，可以从中比较、挑选，选择信誉好、价格便宜的商品。

2. 价廉的商品在哪里

实际上，淘宝里的大多数商品价格和市场行情相差无几，有些可能还会比市场上略高。只有那些上了淘宝推荐的，做淘宝促销的，才可能真正有价格优势。你可以将近期打算购买的宝贝列一个清单，然后在宝贝搜索上仔细查找，哪家宝贝比较便宜，信誉度又高，就在哪家买。当然，有的新手卖家急于开张，赚人气、赚信誉，如果你所要宝贝不是很贵重的商品，要求也不太高，也可以考虑在这种店铺购买。

3. 别被低价迷了眼

有些新手卖家，也有部分经验老手，故意把一些日常生活用品和小件商品的价格定得较低，因为这些东西的市场价格大家都很了解，这样定价的目的，就是为了让买家误以为这家卖的东西很便宜，同时却把邮费、快递费定得较高。

4. 不宜购买的宝贝

现在淘宝上卖的物品可谓五花八门、应有尽有。几乎市场上有的东西，在淘宝上都可以买到。但有些东西是不宜在淘宝购买的，并不是说淘宝里的东西不好，而是由于商品本身对售后服务要求较高。比如空调，需要安装和售后维修，还有一些二手商品及保修比较麻烦的东西，都是不宜在淘宝里购买的。

5. 冷眼看促销

有些卖家，特别是新手卖家、专职网络卖家，为了促销和积累人气，经常会举行一些拍卖、促销、包邮等活动，这不乏物超所值的好宝贝。但也有些卖家为了人气，往往把促销宝贝略略提价，然后披上降价或包邮的外衣，其实是"羊毛出在羊身上"。有的卖家，则把冷门、大家了解较少的物品拿来促销，或者把质量较差的物品拿来拍卖，等你买到了，发现物非所值，要想退货退款时，却发现快递费有时比所买的宝贝价值更高，很不合算。这样的宝贝，不要也罢。

6. 不买不需要的东西

有些买家在买完需要的商品后，又会在卖家的推荐下买一些并不十分需要的东西，这就像许多厂家在大卖场、大商场安排的促销员，往往买家并不知道这些宝贝的优劣，有一定的盲目性，过后才后悔莫及。

7. 付款后的注意事项

付完款，看似一次交易已经完成，其实不然，还应该与卖家确认自己的收货地址。特别是有的买家有两个以上的收货地址，很容易搞错。所以，别忘记跟卖家核对一下邮寄地址与联系电话，以免寄错，耽误时间。

 ## （四）淘宝购物防骗心得

1. 支付宝交易禁忌

（1）请不要随意注册卖家提供的网站，如果注册请尽量不要使用淘宝的用户名和密码。

（2）如果卖家说最近手头很紧，希望你先确认收货，请不要轻信对方。

（3）在购买商品时，请再次确认是"笔记本电脑"还是"笔记本"等商品的重要描述。

（4）所有交易均建议使用支付宝，千万不要因为卖家说支付宝周期长、支付宝对卖家没有保障等理由而不使用。

2. 遇到欺诈的应对

（1）提交投诉。若您付了钱，却未收到货物且联系不到卖家，或是收到的宝贝与描述严重不符，卖家又拒绝退换，请在交易成立3天后马上向淘宝提交投诉。投诉路径为：我的淘宝—已买到的宝贝—投诉。如果是对收到的商品认知与卖家之间存在异议，请保持您收到的商品原样，委托权威的质量鉴定部门对收到的商品做出鉴定，提供相应鉴定证明给淘宝，淘宝会根据收到的鉴定结果做出判断。

（2）留凭证。请保留出价的物品资料、汇款凭证、与交易对方联络往来的信件及阿里旺旺聊天记录、鉴定结果等资料。

（3）报警。若已经确定对方的行为构成欺诈，而且金额已经达到我国刑法规定的600元起算点（对方涉嫌刑事诈骗罪），即可以带上交易中的相关凭证到当地公安机关网监科报案。也可以通过民事诉讼的途径来维护自己的合法权益，同时可以向对方所在地的法院起诉。淘宝将会在收到警方的正式公函后协助处理。

（4）保持冷静。发现自己遭遇欺诈后，请一定保持冷静，及时提供相关凭证，联系客服发起投诉或向公安机关报案。在论坛中公布自己的受骗经历和卖家的相关资料非但于事无补，反而会打草惊蛇，给以后的破案带来困难。同时，随意公布别人的个人资料还可能遭到投诉。请不要向陌生人提供相关证据，防止犯罪嫌疑人毁灭证据。

复习思考题：

1. 请详述网上购物的优缺点。

2. 请在淘宝、京东等电商网站上完成一次网购，并叙述网购流程。

模块四　农村电子商务的创办

[引例]

海伶山珍：舌尖上的土特产

淘宝店铺海伶山珍注册于 2009 年 9 月，其产品包括以食品为主的土特产品和青川野生土产品等。海伶山珍开展线上操作，主打"山里人的货"，截至 2017 年 7 月，已经做到了 4 皇冠店铺。2016 年，店铺全年销售收入已经达到 400 万元，客户群体逾 23 万人次，其主打产品土蜂蜜的销量已经累计达到上万斤。

在"互联网＋"和大健康盛行发展的背景下，消费者高度关注食品的品质和安全问题，从而为土生土长的特产类食品创造了市场。但是，值得注意的是，食品类特产，如蜂蜜、竹荪、木耳和花菇等，其生长情况与天气等自然条件紧密相关，因此，对这一类产品的产量、采集和物流等相关成本的管理和控制相对比较困难。

赵海伶是海伶山珍店铺的店主，正是由于她抓住了商机，借助了"互联网＋"时代各个阶段的发展优势，做好产品，积累口碑，使海伶山珍店一步步有了今天的成绩。在店铺成立之初，赵海伶利用博客实时分享山里取货的图片和有趣的经历，同时，所有的分享也都会列到淘宝店铺的首页以及相关宝贝的详情页中。如此一来，广大消费者都对产品的生长及采取等过程感同身受，赵海伶的博客关注度和点击率直线上升，拥有 30 多万的粉丝，此后，赵海伶又建立了官方微博，关注度依然很高。赵海伶的个人微博也时常更新产品的取货信息和具体内容。

赵海伶很早就给海伶山珍注册了商标，借助电子商务和互联网交易的发展，对其运营的相关产品进行了一致的包装设计，统一销售，在淘宝店铺中将产品经营许可证、生产许可证和食品流通许可证等相关资料罗列于宣传页当中，得到了消费者信任，从某种程度上提高了店铺的竞争比较优势。

（资料来源：盈网盛．https：//wenku．baidu．com/view/af10428c011ca300a7c39002．html？from＝search．2016-03-28．）

任务一　淘宝网开店

一、淘宝网开店流程

1. 准备工作

在网上开店之前，首先需要选择一个提供个人店铺平台的网站，并注册为用户。为了保证交易安全，还需要进行相应的身份和支付方式认证。

在淘宝开店铺，虽然完全免费，但是需要满足三个条件：①注册会员，并通过认证；②发布 10 件以上（包括 10 件）的宝贝；③为了方便安全地交易，建议开通网上银行。

和传统店铺一样，在网上开店的第一步就是要考虑卖什么，选择的商品要根据自己的兴趣、能力和条件，以及商品属性、消费者需求等来定。具体准备事项如下：

（1）硬件设施。电脑一台，笔记本电脑、台式电脑均可，并可以上互联网。

（2）店主自身必须年满 18 周岁，持有二代身份证，在工商银行、建设银行或者农业银行（推荐这三个银行是因为其操作程序最简单、好操作、安全系数较高）办理一张银行储蓄卡，并且开通网上银行服务。

（3）有一部属于自己的手机并处于正常通话状态，以便在注册淘宝、安装一些淘宝必要的辅助组件时接收验证码。

（4）清晰的身份证正反面照片。

2. 开店流程

（1）淘宝用户注册。

①登录淘宝网（http：//www.taobao.com），点击页面左上方的"免费注册"。在打开的页面中，输入会员名、密码、电子邮件等信息，单击"同意协议"（图4-1），然后，注册的邮箱会收到一封确认信息邮件，打开其中的链接，确认之后，就完成了用户注册。

需要注意的是，为了保证交易的安全性。密码不要设置得太过简单，建议使用"英文字母＋数字＋符号"的组合密码。

图4-1　淘宝网免费注册界面

②设置用户名，输入手机号码，点击"下一步"（图4-2）。

③根据页面提示填写完整的信息，并提交（图4-3）。

（2）身份认证。淘宝网规定，只有通过实名认证之后，才能出售宝贝、开店铺。所以，在注册用户之后，还要进行相应的认证（包括个人实名认证和支付宝认证两个过程）。具体的操作步骤如下：

①登录淘宝网，点击页面上方的"我的淘宝"。在打开页面中，

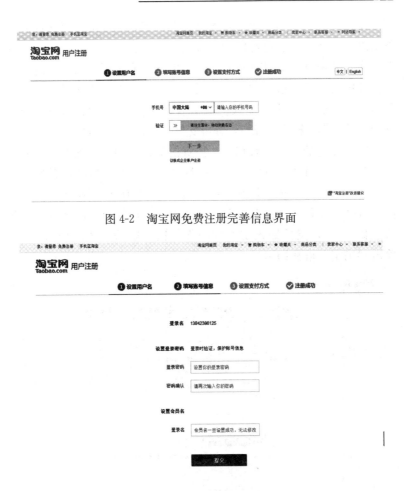

图 4-2　淘宝网免费注册完善信息界面

图 4-3　淘宝网注册信息提交界面

点击"想卖宝贝先进行支付宝认证"文字旁边的"请点击这里"。

②在打开的页面中，会提示还没有激活支付宝账号，点击"点击这里完成支付宝账号激活"。在弹出的页面中输入真实姓名、证件类型及号码、支付宝密码等内容，单击"保存并立即启用支付宝账户"按钮。

③激活支付宝账号成功后，回到原来的页面，按 F5 键刷新页

117

面。单击"申请支付宝个人实名认证"按钮，阅读支付宝认证服务条款之后，单击"我已经阅读"按钮。

④首先根据提示填写个人信息，单击"下一步"。接着，选择身份证件核实，可以选择"在线上传"或"邮寄"身份证件复印件，单击"下一步"。然后，输入银行卡信息，包括开户行、银行卡号、省份、城市等，输入完成后，等待支付宝汇款（图4-4）。

需要注意的是：如果在线上传身份证件复印件，图片文件大小要控制在200KB以内；如果是IC身份证，还需要提供背面图片。

⑤一日之后，重新打开"我的淘宝"，在认证区域点击相应的链接打开"支付宝认证"页面，在"银行账户核实"区域点击"确认汇款金额"，然后输入支付宝向你的银行账号注入的资金数目，单击"确定"按钮即可。

图 4-4 身份核实及银行卡信息输入界面

本流程结束后，淘宝会员名和支付宝一并注册成功，支付宝的登录密码和淘宝会员名的登录密码相同。返回淘宝首页，点击"开店"（图4-5）。然后点击创建个人店铺（图4-6）。

在进行店铺认证时，需要上传本人身份证照片，身份证必须和支付宝身份信息一致（图4-7，图4-8）。认证需要一周左右的时间。

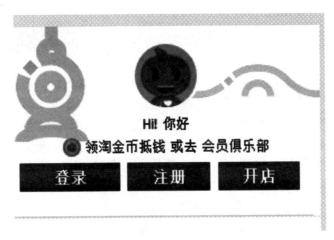

图 4-5　注册成功界面

图 4-6　创建个人店铺界面

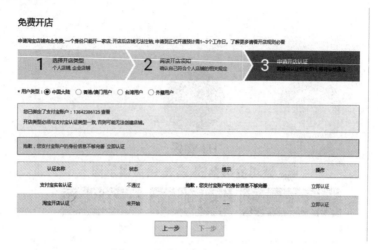

图 4-7　免费开店实名认证界面

图 4-8　本人身份认证界面

　　注意：上述内容要迅速填写，时间不能超过 100 秒，否则会提示你"请不要重复提交请求"，只要出现这几个字，就证明你输入过慢，需要重新点击，进行认证。点击下一步后，等待 7 个工作日，淘宝官方小二审核通过完毕，支付宝的整个实名认证过程完毕（图 4-9）。

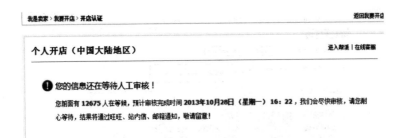

图 4-9 开店认证完成，等待审核界面

完成实名认证、开店考试（图 4-10）、完善店铺信息（图 4-11）后，淘宝网店铺开设成功。

图 4-10 开店考试界面

（3）进货、拍摄产品图片。网上开店成功的一个关键因素在于进货渠道，同样一件商品，不同的进货渠道，价格是不同的。

通过身份验证后，就要就忙着整理自己已经有的宝贝，为了将销售的宝贝更直观地展示在消费者面前，图片的拍摄至关重要，而且最好使用相应的图形图像处理工具，如 Photoshop、ACDSee 等对图片进行格式、大小的转换。

（4）发布宝贝。在淘宝开上店铺，还需要发布 10 件以上宝贝。

图 4-11　完善店铺信息界面

需要注意的是，如果没有通过个人实名认证和支付宝认证，是可以发布宝贝的，但是宝贝只能发布到"仓库里的宝贝"中，买家是看不到的。只有通过认证，才可以上架销售。

①登录淘宝网，在页面上方点击"我要卖"。在打开的页面中，可以选择"一口价"或"拍卖"两种发布方式，这里选择单击"一口价"。"一口价"有固定价格，买家可以立即购买；"拍卖"无底价起拍，让买家竞价购买。

②根据自己的商品选择合适的类目，单击"选好了，继续"按钮继续下一步。

③填写宝贝信息。这一步非常重要，首先，在"宝贝信息"区域取一个好的标题，单击"浏览"按钮来上传宝贝图片，输入宝贝描述信息、宝贝数量、开始时间、有效期等。接着，在"交易条件"区域输入宝贝的售价、所在地、运费、付款方式等内容，其他信息保持默认设置即可，比如默认使用支付宝支付等。最后，单击"确认无误，提交"按钮来发布该宝贝。

如果发布成功，下面会出现一个成功页面。点击"这里"可以查看发布的宝贝页面，点击"继续发布宝贝"可以继续发布宝贝。

在买家没有出价时，如果要修改发布的宝贝信息，可以到"我的淘宝—我是卖家—出售中的宝贝"中进行编辑、修改。

宝贝在发布完成之后，最好进行定期更新、添加，以免店铺被系统删除。

（5）获取免费店铺。淘宝为通过认证的会员提供了免费开店的机会，只要你发布10个以上的宝贝，就可以拥有一间属于自己的店铺和独立网址。在这个网页上，你可以放上所有的宝贝，并根据自己的风格来进行布置。

首先，在打开的页面中给店铺取名，在"店铺类目"中选择宝贝所属类目，在"店铺介绍"中输入店铺的简介内容。最后，单击"提交"按钮，在出现的页面中会出现"恭喜！您的店铺已经成功创建"的字样，并提供店铺的地址。

（6）店铺装修。在免费开店之后，买家可以获得一个属于自己的空间。和传统店铺一样，为了能正常营业、吸引顾客，需要对店铺进行相应的"装修"，主要包括店标设计、宝贝分类、推荐宝贝、店铺风格等。

①基本设置。登录淘宝，打开"我的淘宝—我是卖家—管理我的店铺"。在左侧"店铺管理"中点击"基本设置"，在打开的页面中可以修改店铺名、店铺类目、店铺介绍，主营项目要手动输入，在"店标"区域单击"浏览"按钮选择已经设计好的店标图片，在"公告"区域输入店铺公告内容，如"欢迎光临本店！"，单击"预览"按钮可以查看效果。

②宝贝分类。给宝贝进行分类是为了方便买家查找。在打开的"管理我的店铺"页面中，可以在左侧点击"宝贝分类"，接着，输入新分类名称，如"文房四宝"，并输入排序号（表示排列位置），单击"确定"按钮即可添加。单击对应分类后面的"宝贝列表"按钮，可以通过搜索关键字来添加发布的宝贝，并进行分类管理。

③推荐宝贝。淘宝提供的"推荐宝贝"功能可以将你最好的6件宝贝拿出来推荐，在店铺的明显位置进行展示。只要打开"管理我的店铺"页面，在左侧点击"推荐宝贝"，然后就可以在打开的页面中选择推荐的宝贝，单击"推荐"按钮即可。

④店铺风格。不同的店铺风格适合不同的宝贝，给买家的感觉

也不一样，一般选择色彩淡雅、看起来舒适的风格即可。页面右侧会显示预览画面，单击"确定"按钮就可以应用这个风格。

（7）网店推广。可以通过论坛宣传、交换链接、橱窗推荐三种方式进行推广。

①论坛宣传。论坛宣传的主要方法就是通过发广告帖和利用签名档。前者可以在各省或各市的论坛上进行，如果有允许发布广告的板块，可以发广告帖，内容一定要详细，商品图片一定要精美，并保持定期更新和置顶。后者可以在论坛上更改签名档，更改为自己小店的网址、店标、宣传语以及店名等，同时发布一些精美的帖子，以便让有兴趣的朋友通过你的签名档访问你的小店。

②交换链接。在开店初期，为了提升人气，可以和热门的店铺交换链接，这样可以利用不花钱的广告宣传自己的小店。如淘宝网就提供了最多 35 个友情链接，添加的方法如下：

首先，通过淘宝的搜索功能，搜索所有的店铺，记下热门店铺的掌柜名称。

接着，登录 http：//www. taobao. com/help/wangwang/wangwang. php 下载淘宝买家、卖家交流工具——阿里旺旺，添加这些热门店铺的掌柜名称，并提出交换链接的请求。

如果答应交换，打开"我的淘宝—我是卖家—管理我的店铺"，在左侧点击"友情链接"，然后输入掌柜名称，单击"增加"按钮即可。

③橱窗推荐。橱窗推荐功能是淘宝网为卖家提供的特色功能，当买家选择搜索或点击"我要买"根据类目搜索时，橱窗推荐的宝贝就会出现在搜索结果页面中。要设置橱窗推荐功能，可以打开"我的淘宝—我是卖家—出售中的宝贝"，选择要推荐到橱窗中的宝贝（已经推荐到店铺首页的宝贝不能再进行橱窗推荐，即有"推荐"标记），单击"橱窗推荐"按钮即可。

（8）售出宝贝。在宝贝售出之后，除了会收到相应的售出提醒信息，还需要主动联系买家，要求买家支付货款并发货。

①查看已卖出的宝贝。如果有买家购买宝贝，淘宝网会通过阿

里旺旺、电子邮件等方式通知卖家。卖家也可以登录淘宝网，打开"我的淘宝—我是卖家—已卖出的宝贝"查看。在"联络买家"区域点击"给我留言"可以通过阿里旺旺给买家留言；如果买家没有使用阿里旺旺，也可以记下买家 ID，然后发站内信件。

②联系交易事宜。买卖双方联系之后，约定货款支付、发货方式。为了保证买卖双方的利益，建议选择支付宝支付。

③付款、发货。为了防止货到不付款的情况，卖家在卖宝贝的时候一般采用"款到发货"的方式。

首先，要求买家付款，一般通过支付宝支付。支付货款之后，卖家可以打开"我的淘宝—我是卖家—已卖出的宝贝"查询，如果发现交易状态显示为"买家已付款，等待卖家发货"，说明支付宝已经收到汇款，这个时候卖家就可以放心地发货给买家了。

对于使用支付宝交易的卖家，可以打开"我的淘宝—支付宝专区—交易管理"，对交易进行管理，如交易查询、退款管理等。

买家在收到卖家的货物后，在交易状态中进行确认，淘宝就会打款到卖家的支付宝账户中。这样，就完成了交易。别忘了，还要和买家保持联系，这样可增加其再次访问你的小店、购买宝贝的机会。

（9）评价、投诉。在完成交易之后，买家和卖家都可以打开"我的淘宝"进行评价，卖家可以打开"我的淘宝—我是卖家—已卖出的宝贝"，在卖出的宝贝中点击"评价"，根据实际情况选择好评、中评或差评，还可以输入文字内容。

要成为淘宝的星级店主，信用度至少为 4 分。卖家信用度得分的依据是每次使用支付宝成功交易一次后买家的评价，"好评"加一分，"中评"不加分，"差评"扣一分。所以，要成为星级店主，切记要诚信服务。如果出现网上成交不买、收货不付款等情况，卖家可以打开"我的淘宝—信用管理—我要举报"进行投诉、举报，不过需要搜集发货凭证、买家签收凭证、旺旺截屏等证据。

要让自己的小店在网上得以生存，最重要的就是"诚信"，只有诚信才能赢得买家的心，获得良好的信用评价，这样才能持续发展。

二、淘宝开店注意事项

1. 收集信息

信息收集对于一个网商来说是十分重要的。和网店有关的信息都是要了解的内容，包括淘宝发布商品的规则、支付宝使用规则、论坛规则、社区规则、促销活动规则等。

2. 寻找货源

在了解了所有有关网店的细则之后，就要开始寻找货源。一个成功的网商必定有自己的长期供应商，而成功的关键因素就是要找一个好的货源，质量、款式、价格都必须有独特的优势。

3. 发布商品

货物收到之后，就要准备把商品放到店铺中发布。首先需要准备一部数码相机，然后运用 Photoshop 等软件对商品照片进行必要的处理。

4. 上架

图片准备好之后就可以上架了。商品上架的有效期有 7 天和 14 天两种选择模式。值得注意的是，淘宝会把快要到期的宝贝放到最前页，如果选择 14 天有效期，你的商品曝光次数是 14 天一次，而选择 7 天有效期则可以多曝光一次。这样你的浏览量和成交概率就多了一倍。

5. 物流

选择一个好的物流公司也十分关键，好的物流公司会给卖家减少因为物流延期或破损而产生的纠纷。在发货时，应该注意以下几点：①出货之前一定要仔细检查每一件商品，特别是带电池或电子类的；②如果有些商品图片和实物有色差，应在发货前与买家说明；③如果商品数量不足或稍带瑕疵，也应尽量和买家说明，以免产生不必要的麻烦。

6. 宣传

新开店铺会在初期面临信用危机，因此，一定要把握机会进行宣传，如多逛社区、多写帖回帖、参加活动、加入旺铺、直通车、支付宝社区、支付宝活动、支付宝促销等。

7. 支付宝管理

支付宝管理等同于资金管理。当业务量增大时，可以增加账户数量，如使用三个账户，一个管理销售资金、一个管理进货资金、一个管理开支成本资金。这样做便于掌握销售情况。

8. 防骗

开设网店要时刻具备防骗意识。在当今社会，行骗手段五花八门，防不胜防，因此切记不要将自己的相关账号、密码等重要信息透漏给他人，以防万一。

9. 售后管理

售后服务及管理也是十分重要的。在处理各种问题的过程中，卖家应始终坚持"卖产品即卖服务"的理念。

任务二　京东商城开店

一、2017 年京东商城农用物资入驻商城资费标准

2017 年京东商城农用物资入驻商城资费标准如表 4-1 所示。

表 4-1　2017 年农用物资入驻京东商城资费标准

一级分类	二级分类	三级分类	费率		平台使用费 单位（元/月）	保证金 单位（元）
			SOP	FBP		
农用物资	蔬菜类种子/水果类种子		5%	5%	1 000	50 000
	经济作物类种子/粮食豆类种子		5%	5%		100 000
	草种/花卉种子/林木种子/园林植物		5%	5%		30 000
	农药		5%	5%		
	肥料	氮/磷/钾肥/复合肥	0%	0%		30 000
		其他三级类目	5%	5%		

（续）

一级分类	二级分类	三级分类	费率		平台使用费	保证金
			SOP	FBP	单位（元/月）	单位（元）
农用物资	园林/农耕	农机整机	0%	0%	1 000	30 000
		农技服务	5%	5%		
	饲料	其他三级类目	5%	5%		10 000
		饲料添加剂	5%	/		
		浓缩料	3%	/		
	兽药	全价料/预混料	0%	0%		30 000
	兽用器具		5%	/		
			5%	/		

二、2017 年京东商城入驻招商标准

第一章 2017 年开放平台招商重点

1.1 品牌

国际国内知名品牌。

开放平台将一如既往、最大限度地维护卖家的品牌利益，尊重品牌传统和内涵，欢迎优质品牌旗舰店入驻。

1.2 商品

能够满足用户群体优质、有特色的商品。

根据类目结构细分的商品配置。类目规划详见《2016 年开放平台类目一览表》。

1.3 垂直电商

开放平台欢迎垂直类电商入驻。开放平台愿意和专业的垂直电商企业分享其优质用户群体，并且欢迎垂直电商为用户提供该领域专业、优质的商品及服务。

第二章 适用范围

本标准适用于除生活旅游业务（包括但不限于旅游、酒店、票务、充值、彩票）外的开放平台所有卖家。

第三章　入驻须知

3.1　开放平台有权根据包括但不限于品牌需求、公司经营状况、服务水平等其他因素退回卖家入驻申请。

3.2　开放平台有权在申请入驻后续经营阶段要求卖家提供其他资质。

3.3　开放平台将结合各行业发展动态、国家相关规定及消费者购买需求，不定期更新招商标准。

3.4　卖家必须如实提供资料和信息。

3.5　请务必确保申请入驻及后续经营阶段提供的相关资质和信息的真实性、完整性、有效性（若卖家提供的相关资质为第三方提供，包括但不限于商标注册证、授权书等，请务必先行核实文件的真实有效完整性），一旦发现虚假资质或信息的，开放平台将不再与卖家进行合作并有权根据开放平台规则及与卖家签署的相关协议之约定进行处理。

3.5.1　卖家应如实提供其店铺运营的主体及相关信息，包括但不限于店铺实际经营主体、代理运营公司等信息。

3.5.2　开放平台关于卖家信息和资料变更有相关规定的从其规定，但卖家如变更 3.5.2 项所列信息，应提前 10 日书面告知；如未提前告知，将根据开放平台规则进行处理。

3.6　开放平台暂不接受个体工商户的入驻申请，卖家须为正式注册企业，亦暂时不接受非中国大陆注册企业的入驻申请。

3.7　开放平台暂不接受未取得国家商标总局颁发的商标注册证或商标受理通知书的品牌入驻开店申请，亦不接受纯图形类商标的入驻申请。卖家提供商标受理通知书（TM 状态商标）的，注册申请时间须满六个月。

第四章　店铺类型及相关要求

4.1　旗舰店：卖家以自有品牌（商标为 R 或 TM 状态），或由权利人出具的在开放平台开设品牌旗舰店的独占性授权文件（授权文件中应明确独占性、不可撤销性）入驻开放平台开设的店铺。

4.1.1　旗舰店可以有以下几种情形：

经营一个自有品牌商品的品牌旗舰店（自有品牌是指商标权利归卖家所有）或由权利人出具的在开放平台开设品牌旗舰店的独占性授权文件（授权文件中应明确独占性、不可撤销性）的品牌旗舰店。

经营多个自有品牌商品且各品牌归同一实际控制人的品牌旗舰店（自有品牌的子品牌可以放入旗舰店，主、子品牌的商标权利人应为同一实际控制人）。

卖场型品牌（服务类商标）商标权人开设的旗舰店。

4.1.2　开店主体必须是品牌（商标）权利人或持有权利人出具的开设开放平台旗舰店独占性授权文件的被授权企业。

4.2　专卖店：卖家持他人品牌（商标为 R 或 TM 状态）授权文件在开放平台开设的店铺。

4.2.1　专卖店类型：经营一个或多个授权品牌商品（多个授权品牌的商标权利人应为同一实际控制人）但未获得品牌（商标）权利人独占授权入驻开放平台的卖家专卖店。

4.2.2　品牌（商标）权利人出具的授权文件不应有地域限制。

4.3　专营店：经营开放平台相同一级类目下两个及以上他人或自有品牌（商标为 R 或 TM 状态）商品的店铺。

4.3.1　专营店可以有以下几种情形：

相同一级类目下经营两个及以上他人品牌商品入驻开放平台的卖家专营店；相同一级类目下既经营他人品牌商品又经营自有品牌商品入驻开放平台的卖家专营店。

4.4　各类型店铺命名详细说明，请见《开放平台卖家店铺命名规则》。

第五章　申请入驻资质标准

开放平台申请入驻资质标准详见《2016 年开放平台招商资质标准细则》。

第六章　开店入驻限制

6.1　品牌入驻限制：

6.1.1　与平台已有的品牌、频道、业务、类目等相同或相似名称的品牌。

6.1.2　包含行业名称或通用名称的品牌。

6.1.3　包含知名人士、地名的品牌。

6.1.4　与知名品牌相同或近似的品牌。

6.2　商号（或字号）入驻限制：

6.2.1　与平台已有的品牌、频道、业务、类目等相同或近似。

6.2.2　与知名品牌相同或相近的。

6.3　经营类目限制，卖家开店所经营的类目应当符合开放平台的相关标准，详细请参考《2016年开放平台经营类目资费一览表》。

6.4　同一主体入驻的店铺限制：

6.4.1　商品重合度：要求店铺间同一类目经营的品牌及商品不得重复，经过审批的店铺不受此项约束。

6.5　同一主体重新入驻开放平台限制：

6.5.1　严重违规、资质造假被清退的，永久限制入驻。

6.5.2　若卖家一自然年内主动退出2次，则自最后一次完成退出之日起12个月内限制入驻。

6.6　续签限制：

6.6.1　须在每年3月1日18时之前完成续签申请的提交，每年3月20日18时之前完成平台使用费的缴纳，如果上一年及下一年资费及资料未补足，将在每年3月31日24时终止店铺服务并清退出开放平台。

6.6.2　卖家在服务期内未通过《开放平台商家店铺考核标准》，开放平台有权拒绝商家提出相应续展服务期的申请。

第七章　开放平台保证金/平台使用费/费率标准

7.1　保证金：卖家以"一店铺一保证金"原则向缴纳的用以保证店铺规范运营及对商品和服务质量进行担保的金额。当卖家发生侵权、违约、违规行为时,可以依照与卖家签署的协议中相关约定及开放平台规则扣除相应金额的保证金作为违约金或给予消费者的赔偿。

7.1.1　保证金的调整、补足、退还、扣除、赔偿等依据卖家签署的相关协议及开放平台规则约定办理。

7.1.2　开放平台各经营类目对应的保证金标准详见《2016年

度开放平台各类目资费一览表》。

7.1.3 跨类目保证金：就高原则，保证金按最高金额的类目缴纳；经营过程中增加的类目对应的保证金与原有保证金不一致，商家须补交差额部分。

7.1.4 保证金不足额时，卖家应在出现该等情况后 5 个自然日内及时补缴足额的保证金使可用余额达至最低保证金金额。可向卖家发出续费通知，如卖家在开放平台上有未结货款，有权从该等款项中扣除以补足保证金。如卖家逾期未能补足保证金，则开放平台有权对其店铺进行监管或终止服务。

7.2 平台使用费：卖家依照与签署的相关协议使用开放平台各项服务时缴纳的固定技术服务费用。开放平台各经营类目对应的平台使用费标准详见《2016 年度开放平台各类目资费一览表》。续签卖家的续展服务期间对应平台使用费须在每年 3 月 20 日 18 时前一次性缴纳；新签卖家须在申请入驻获得批准时一次性缴纳相应服务期间的平台使用费。

7.2.1 平台使用费结算：

7.2.1.1 卖家主动要求停止店铺服务的不返还平台使用费。

7.2.1.2 卖家因违规行为或资质造假被清退的不返还平台使用费。

三、京东商城注册流程

京东商城商家入驻的流程如图 4-12 所示。

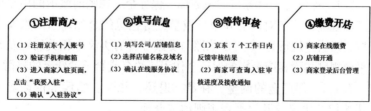

图 4-12 京东商城商家入驻流程

任务三　微信开店

一、微店网的内涵

微店网是全球第一个云销售电子商务平台，是计算机云技术和传统电子商务相结合的变革性创新，颠覆了传统网商既要找货源又要顾推广的做法，把企业主从烦琐的网络推广中解放出来，个人网民也省去了找货源之苦，是继淘宝之后最先进的电子商务模式。微店网的爆发式增长得益于其独特先进的商业模式。

二、微店网的服务对象

微店网专注为两种客户服务：

（1）为个人提供创业平台。每个网民用 QQ 登录，马上就能拥有自己的微店，即获得了整座云端产品库的产品销售权，无需处理货源、发货、物流等棘手问题，就可以从交易中赚到推广佣金。

（2）为企业提供可持续、可扩展、可积累的线上销售渠道。供应商把产品发到微店网，就有无数的微店为其推销产品，他只需做好产品、客服、售后即可，推广可交给万千微店去做。

三、微店的内涵

微店并不是利用手机开网店，这个"微"是指无需资金和成本，无需处理货源、物流和客服，就可以赚取推广佣金。微店是帮助卖家在手机开店的软件，它作为移动端的新型产物，首创云销售模式，把商家的高额推广费用改变为推广佣金，颠覆了传统电商平台靠赚取推广费的盈利模式。

四、微店的发展

微店的发展如图 4-13 所示。

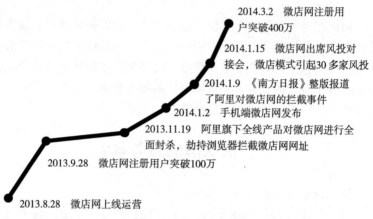

2014.3.2 微店网注册用户突破400万

2014.1.15 微店网出席风投对接会，微店模式引起30多家风投

2014.1.9 《南方日报》整版报道了阿里对微店网的拦截事件

2014.1.2 手机端微店网发布

2013.11.19 阿里旗下全线产品对微店网进行全面封杀，劫持浏览器拦截微店网网址

2013.9.28 微店网注册用户突破100万

2013.8.28 微店网上线运营

图 4-13 微店的发展

五、微店创业与淘宝创业的区别

微店创业与淘宝创业的区别如表 4-2 所示。

表 4-2 微店与淘宝区别汇总

	微店创业	淘宝创业
成本	无需押金、无需加盟费，完全0成本	需要缴纳 1 000 元的保证金
找货源	所有品类的现货由厂家发上来，微店主无需找货源	需要自己找货源，品类还不丰富，很难齐全
装修网店	现成的正品商城，无需装修网店	要很专业才能搞得像样，要折腾很久
发货	厂家直接给消费者发货，省时省力	需要自己打单发货

（续）

	微店创业	淘宝创业
售后	售后由厂家直接服务	做掌柜很辛苦，还要讨好顾客，一不小心就得差评
推广	让别人加盟你，逐个成为你的分销商，终身绑定，客户有积累	店主自己推广，缺乏延续性，很难带来流量

六、注册微店流程

微店网与腾讯 QQ 达成了合作，用 QQ 号就能申请免费微店，省去了采购、交流、发货、退货、赔偿、押金的各个流程，只需用 QQ 号登录一下，就拥有了自己的微店。每个人的微店就是一座在线商城，都有自己独特的网址，只要把微店网址发出去，有人进入微店购买了商品，就能获得推广佣金，发货与售后均由云商（微店背后的供应商）处理，过程非常轻松。

开微店没有资金的压力，没有库存的风险，没有物流的烦恼，只需利用碎片时间和个人社交圈就可进行营销推广，坐收佣金。微店经营适合人群广，在校学生、办公室白领、家庭主妇、待业青年、应届毕业生等都可以开微店。

微店的注册流程如下：

（1）百度搜索"微店"，进入微店官方网站，进入后点击右上角的"免费开微店"（图 4-14）。

（2）填写相关注册资料，手机号实名制注（图 4-15）。

（3）进入后台管理平台，可进行订单、产品、渠道、供应商等全方位管理（图 4-16）。

（4）点击添加货物，可以加入货物图片、货物详情等（图 4-17），还可以设置商品价格、库存等，设置完成后货物就上架了。

图 4-14　微店开店界面

图 4-15　微店注册界面

图 4-16　微店后台管理界面

商品管理 ＞ 添加商品

1.编辑商品信息

基本信息

商品图片　[图] ＋

抢控图片可更换顺序

商品标题　秋姐の大米 有机胚芽 健康营养绿色安全

型号价格

商品价格　8　元

图 4-17　微店添加货物界面

七、供应商的微店管理助手

供应商的微店管理助手界面如图 4-18 所示。

图 4-18　供应商的微店管理助手

八、微店推广

微店推广的步骤如图 4-19 所示。

图 4-19　微店推广的步骤

复习思考题:

一、支付案例

在互联网发展初期,由于交易诚信缺乏保证,导致交易量受到一定的限制。2003 年 10 月,淘宝网推出支付宝交易平台以后,迅速成为用户一致追捧的网上安全支付工具,并得到广泛应用,用户量迅速覆盖了 B2B、B2C 和 C2C 等各个领域,引起了业界的高度关注,其交易量以及交易总额在业界都处于领先地位。如今,支付宝已经广为人知,由于其拥有先进的互联网应用技术和风险管控能力,银行、商家以及各种服务机构都对其非常认同,国内各大银行和金融机构都与其建立了战略合作伙伴关系。支付宝交易平台的创建可谓"互联网十"领域内的创举,获得了业界的一致好评。

由于支付宝平台用户量的急剧增长,很多互联网相关商家也主动选择使用支付宝平台上与互联网相关的产品和服务,促使支付宝所涵盖的服务范围越发广泛,如虚拟游戏、商业服务、数码通信、旅游、机票等。支付宝平台不仅为互联网商家提供了相应的服务,同时也为他们提供了可信任的平台,进一步扩大了其市场占有率。

根据上述案例,回答下列问题:

(1) 支付宝发展迅速的原因有哪些?

(2) 在互联网时代,支付宝在消费者与商家之间起到了哪些作用?

二、虚拟社区及物流案例

自 2003 年开始,淘宝网就以免费开店模式吸引了大量的个人客户,使其得以迅速发展,现在,淘宝网已经成为全球最大的互联网交易平台之一。与此同时,淘宝社区的开发使其增加了更多的服务功能,开创了虚拟平台的新世纪。淘宝网通过对社区网站和栏目的筛选合作,联合热门社区共同推广产品,对相关客户的服务内容进行置顶、加精等专业性操作,吸引了用户和商家,此举也成为淘宝网转向零售以及其他领域的契机。

例如,淘宝网的一家饰品店铺所经营的产品用某明星作为其微博平台上的代言人,即店铺为这个明星提供最新的产品,为其开设专区,此明星则在自己的微博中及时分享产品使用过程中的心得和体会,以及产品所带来的效果。但是,一段时间以后,有些网友发现使用了此明星推荐的相关产品后并没有得到所宣传的效果,于是便在网络上对其进行攻击。这便是互联网互动平台带来的市场透明的效果。

除了淘宝虚拟社区平台之外,"推荐物流"也是淘宝网在互联网时代表现出来的独特的物流开发战略,即淘宝网与各个物流企业签订合同后,所签约的相关物流企业便有资格进入淘宝推荐合作物流企业之列,在以后的交易过程中便能够在淘宝网提供的相关信息平台上与客户对接订单。对于推荐名单中的物流企业,淘宝物流管理中心要审核和考察其竞价能力、服务覆盖范围、服务水平等很多条件,入列的物流企业要具有成熟的网络服务体系,服务覆盖范围也基本上要到达全国各地。在双方签署的合作契约中,也要约定相关服务的价格、内容、合作方式以及优惠、赔付条款等事项,由淘宝网管理中心负责监管和督促物流企业对于投诉索赔等相关事宜的快速处理。

如今大多数的消费者都在淘宝网上选择了推荐物流,可以随时跟踪订单,享受直接上门取货等服务。由此可见,淘宝网的"推荐物流"已经成为一个全国性的物流中央处理系统,几乎涵盖了大部分的大中小相关企业。出于素质管控的需要,淘宝管理中心还引入了"物流保险",以保障物品配送中的安全性。一旦货物在运输途中发生破损等情况,淘宝管理中心受理投诉之后,会对物流企业的处理流程进行监督和督促,以求降低淘宝客户索赔进程的困难程度。

根据上述案例资料,回答下列问题:

(1)淘宝社区的常备功能有哪些?

(2)明星微博案例说明了什么,是否反映出虚拟社区的局限性?

(3)何谓"推荐物流"?淘宝网的"推荐物流"是如何策划和运作的?

模块五 网店的设置和装修

[引例] 熙世界：刺绣引领新潮流

在人人都想快速蹿红的时代，顺其自然的无争似乎显得有些格格不入，百家争鸣的淘宝店铺更是想在这多彩的年代里将自己的店铺风格淋漓尽致地展现出来，于是，就有了充满着华贵气质的高雅风、清新明快的简约风、怀旧气息浓烈的复古风、搞笑娱乐的逗趣风，自由奔放的欧美风等各种风格，令消费者已眼花缭乱。若能从众多形式不一的风格店铺里找出点独特的东西来，必定能吸引一批特定的消费者。

在淘宝女装店铺中有一家名为"熙世界"的店铺，其特色通过以下三个方面来体现：

（1）图色生活。非常独特的店铺美图，没有浓妆艳抹的美女模特，只有清新自然的文艺女孩，简单的刺绣装饰、独特的原创设计图案，让消费者忍不住想遇见更美的中国刺绣。在满屏尽是原创服装的淘宝上，"简约自然＋唯美刺绣风"显得别出心裁。

（2）"心我"装修范儿华丽呈现。这估计是熙世界原创女装店的最大亮点。通过首页，人们可以感受到整个店铺的风格满是清新自然，宛然行走在桃园世界中偶然发现现代元素，给人一种惊喜感。正如其文字描述的那样：人生不应该只有一种可能，美丽也不应只有一种风格，你只需一点点的改变，就能遇见一个全新的更美好的自我。

（3）为每一系列服装设置卖点。通过对宝贝风格的独特描述，如"秋系列·印象巴黎"，巴黎的浪漫，用刺绣来表达，使消费者对其服装产生兴趣。其产品有漫步巴黎系列单品，刺绣工艺结合独特的材质和面料，使服装融于生活又不失艺术本色，洋溢着趣味与浪漫色彩；花园的邂逅系列单品，芬芳的花朵刺绣宛如施展魔法一般，点缀得恰到好处……每款服装都被赋予不同的个性和生命，为宝贝附上了不一样的心我风格。店铺成篇的美文解析给每一个宝贝披上了神秘的面纱，再加上自然风的颜色搭配，满眼的清新范儿，更是给亮眼的刺绣装饰增添了艺术气息。其整体设计牢牢地吸引住喜欢小清新风格的少女们的眼球。

任务一　店铺的设置

淘宝网普通店铺免费提供给卖家的可个性编辑的模块较少，主要包括四部分内容：风格设置、店标及公告、商品分类和推荐商品。进入"我的淘宝—我是卖家—管理我的宝贝"就可以看到"基本设置"的功能。单击"基本设置"会出现基本设置界面，首先要起一个店铺名，然后选择店铺类别，填写主营项目。

一、店　　标

店标是指商品店面标识系统中可以被识别但不能用语言表达的部分，是店面标识的图形记号。店标是一个网店的形象，一般来说，动态的东西比静态的东西更能吸引人的眼球，因此，建议使用动态店标。这样，当顾客搜索店铺或者进入店铺的时候，一下子就可以被动态店标吸引。店标会显示在店铺的左上方，需要先制作好，然后通过"浏览"功能上传，店标的大小要在 80KB 以内。

具体来说，店标具有如下意义：

1. 识别性

识别性是店标的基本功能。借助独具个性的标志来区别本网店及其产品是现代个人电子商务市场竞争的"利器"。因此，通过整体规划和设计的视觉符号必须具有独特的个性和强烈的冲击力，在企业形象识别系统设计（CI 设计）中，店标是最具有网店视觉认知和识别信息传达功能的设计要素。

2. 领导性

CI 设计是网店视觉传达要素的核心，也是网店开展信息传达的主导力量。店标的领导地位是网店经营理念和经营活动的集中表现，贯穿和应用于网店的所有相关活动中，不仅具有权威性，而且还体现在视觉要素的一体化和多样性上，其他视觉要素都以店标为中心而展开。

3. 同一性

店标代表着网店的经营理念、网店的文化特色、网店的规模、网店经营的内容和特点，因而是网店精神的具体象征。因此，可以说社会大众对于店标的认同等于对网店的认同。只有网店的经营内容或网店的实态与外部象征——店标相一致时，才可能获得社会大众的一致认同。

4. 造型性

CI 设计表现的题材和形式丰富多彩，如中外文字体、抽象符号、几何图形等，因此，店标的造型十分多样。店标图形的优劣不仅决定了店标传达网店情况的效力，而且会影响消费者对商品品质的信心与网店形象的认同。

5. 延展性

CI 设计是应用最为广泛、出现频率最高的视觉传达要素，可在各种传播媒体上广泛应用。标识图形要针对印刷方式、制作工艺技术、材料质地和应用项目的不同，采用多种对应性和延展性的变体设计，以产生适宜的效果。

6. 系统性

CI 设计一旦确定，随之就应展开店标的精致化作业，其中包括店标与其他基本设计要素的组合。其目的是对未来店标的应用进行规划，达到系统化、规范化、标准化的科学管理，从而提高设计作业的效率，保持一定的设计水平。此外，当视觉结构走向多样化的时候，可以用强有力的店标来统一各关系网店，强化关系网店的系统化。

7. 时代性

面对发展迅速的社会、日新月异的生活和意识形态以及激烈的市场竞争形势，现代网店的标志形态必须具有鲜明的时代特征。特别是许多老网店，有必要对现有标志形象进行改进，在保留原有形象的基础上，采取清新简洁、明晰易记的设计形式，使网店的标志具有鲜明的时代特征。通常，标志形象的更新以十年为一期，它代表着网店求新求变、勇于创造、追求卓越的精神，避免网店日益僵化、陈腐过时的形象。

淘宝店铺店标制作的步骤如下：

首先要开通旺铺，标准版和扶植版都可以。做店标分两种方式，一种是在线编辑，另一种是用图片处理软件做好以后，上传到淘宝中。

在线编辑的方法为：打开"我的淘宝—我是卖家—店铺装修"，在店铺店标那里点击"编辑"，再点击"在线编辑"，然后就可以进行店标的设计了。

也可以先使用相关软件把店标制作好，然后再将它上传到淘宝中。具体方法为：打开"我的淘宝—我是卖家—店铺装修"，在店铺店标那里点击"编辑"，然后点击"浏览"，把电脑中制作好的店标上传就可以了。

接下来填写公告，填写公告用到的编辑器与发布宝贝时的编辑器一样。公告出现在店铺的上方右侧，里面的内容是以自下向上滚动的方式显示的。

二、公　告　栏

店铺公告是准客户了解店铺的窗口，通过店铺公告，可以让买家迅速地了解店铺，同时也可以通过店铺公告宣传店铺产品，一举两得。所以，写好店铺公告对一个店铺而言十分重要。公告栏从某种角度来说就是用来做广告的，很多顾客来店里都喜欢先看公告栏，所以有什么优惠促销信息千万别漏掉。自己的联系方法也不可不写，如果再有个计数器就更好啦，这样自己和买家都可以看到店铺每天的浏览量，了解店铺的受欢迎程度。不过要注意的是，其内容应尽量言简意赅，公告栏是滚动出现的，太长的公告会让人没耐心看下去。

1. 淘宝店铺公告怎么写

淘宝店铺公告的写法有很多种，大体可分为：

（1）简洁型。简洁型通常都是一句话或者是一段话，如"本店新开张，欢迎光临，本店将竭诚为您服务。""小店新开，不为赚钱，只为提高大家的生活质量，欢迎常来。"等。

（2）消息型。消息型就是将店铺的促销活动或者宝贝上新通过店铺公告诉大家。如："10月2日—10月20日期间，凡购买本店宝贝即送50元优惠券一张，每个ID限送一个，先到先得！""本店最近上新××宝贝，从厂家直接拿货，质量可靠，价格更低，现在购买即送××"。

（3）详细型。详细型即将购物流程、联系方式、产品概述、小店简介等统统写上去。详细型的公告因为内容比较多，所以建议在写的时候给每个内容都添加一个小标题，这样有利于访客迅速了解公告内容。

各种店铺公告的写法有不同的优势，难断优劣。最好的办法就是根据自己的实际情况如实填写，这样容易令访客产生信任感。另外，店铺公告并不是一成不变的，当店铺需要搞活动的时候，也可以利用店铺公告。

2. 如何设置淘宝店铺公告

目前，店铺公告的设置都是通过在店铺装修后台实现的。

三、橱窗推荐位

买家进到店铺里，最先看到的就是店铺推荐位上的商品，这是店铺宝贝给人的第一印象，所以一定要拿出店里最漂亮也最实惠的宝贝。对于推荐位不足的问题，卖家可以购买宝贝模版，因为模版上提供了很多推荐位，这样顾客在浏览单个宝贝的时候，就能浏览更多推荐的宝贝了。

1. 橱窗推荐位的作用

很多卖家都没有认真地使用橱窗推荐位，其实它还是很重要的。当买家想要买东西时，直接到淘宝网首页去搜索或在淘宝网上点"我要买"，就会出现橱窗推荐位所推荐的宝贝（因为默认出来的只有橱窗推荐的商品），这样会让店铺中的宝贝有更多被人浏览的机会，可大大提高点击率，增加店铺的流量。

2. 橱窗推荐位的个数计算方法

（1）按开店的时间计算。在新开店的三个月内，系统会自动给10个橱窗推荐位，三个月后会自动去掉这10个，这是淘宝给新店的一个优惠政策。

（2）按信用评价分计算。信用分＝卖家信用分＋买家信用分的一半，根据不同分数，奖励不同的橱窗位个数。

（3）根据成交金额（以买家付款到支付宝为准）的基线奖橱窗推荐位。不同产品的基线不一样，这是按周统计的，如这周超过基线，就奖励5个橱窗位，下周未超过基线就会撤销；如果排在前50名，还有特别的奖励。

3. 橱窗推荐位的设置

下面介绍三种设置橱窗产品推荐位的方法。

（1）在发布产品时，选择橱窗推荐后提交。具体操作方法为：登录"我的淘宝—我是卖家—我要卖"，在编辑产品信息的同时点选橱窗推荐位。

（2）在"出售中的宝贝"中设置。具体方法为：登录"我的淘宝—我是卖家—出售中的宝贝—选择要推荐的宝贝—设置/提交橱窗推荐"。

（3）在"我的淘宝"及"我是卖家"处设置。具体方法为：登录"我的淘宝—橱窗推荐—选择要推荐的宝贝—设置/提交橱窗推荐"。

4. 如何知道橱窗位是否已满

最简单的办法就是登录"我的淘宝",点击页面底部的"卖家提醒区",查询橱窗位总数、已使用数量、未使用数量。

还有一种方法:登录"我的淘宝—橱窗推荐",然后在最底下有一行字可查询橱窗位总数以及尚未使用的数量。

四、店铺留言

除了使用站内信,买家与卖家还可以使用留言功能进行交流。留言分为两种,一种是店铺留言,一种是宝贝留言。进入"我的淘宝—我是卖家—管理我的店铺—店铺留言",可以看到店铺留言的详细信息。选择一条需要回复的留言,单击"回复",即可对该留言进行回复。打开回复留言页面,输入想要回复的内容,单击"确定"按钮,即回复成功。回到店铺留言管理页面,可看到该留言已经回复,被回复的留言可显示在店铺的下方,最多可显示3条。

虽然店铺留言在店铺下方只能显示3条,但通过"查看全部留言"功能可以看到其他所有被回复过的留言。如果发现骚扰、恶意或无聊的留言应及时删除。很多卖家都等着买家来这里留言,其实,卖家自己也可以留言,如写上优惠信息、联系方式等内容,也是一种很好的广告方式。当然,也可以去别的卖家店铺里留言,在夸奖其店铺的同时也写上自己的优惠信息,邀请对方来你店里看看。但要注意不能写得太露骨,否则会让人反感。

五、个人空间

个人空间也是展示和宣传自我的平台,对于网商来说,可以充分利用这个平台宣传自己,从而促成网络交易的成功。一般来说,个人空间主要是用来宣传网商自己的,也可以说是自己的个人主页,因为自己的发表的帖子会在这里显示。研究发现,许多并没有花心思来装修自己的个人空间，其实，这是最能够展示自我的平台，说不定会因为自己用心装修的个人空间而挽留了顾客。

1. 设计自己的个人空间

设计个人空间的基本方法就是使用 Photoshop、Fireworks 等设计软件，然后根据自己掌握的素材，运用光、色、文字、图形的变化而设计出好看个人空间。有许多人在个人空间展示自己的生活照片等，这也是一种设计个人空间的方法。

由于淘宝网对个人空间的字数进行了严格的限制，所以最好使用做好的整图来装修个人空间，这样不易超出淘宝网店系统规定的字数。当然也可以用非常简单的 Web 文件来装饰个人空间，但是要注意 Web 文件内的字数控制。

2. 安装设计好的个人空间模板

个人空间的安装比较简单，只要学会上传图片和发布宝贝图片就能够掌握店铺个人空间的安装流程。其安装步骤为：

（1）上传模板整图到设计好的个人空间。设计好的个人空间模板里最好添加相应的介绍文字，并且把文件格式保存为 jpg 或 gif。

（2）登录"淘宝网—我的淘宝—论坛资料"，进入"个人空间介绍"编辑栏中。

（3）在网络相册空间打开个人空间整图，点击复制整图，然后粘贴在网络个人空间介绍编辑栏中。

（4）添加一些必要的文字，点击"提交"按钮。

六、信用评价

1. 什么是信用评价

在异名交易平台每交易一次，买卖双方就可以相互进行一次信用评价。评价分为好评、中评、差评三类。

若交易成功，可以给予对方好评或中评，不能给予差评；如果超过 3 天未予评价，系统自动默认好评。若交易失败，违约一方不能评价，被违约方可以给予对方差评或中评，不能给予好评；如果超过 3 天未予评价，系统自动默认差评。

2. 查看自己的信用评价

（1）登录后，点击"管理中心—我是卖家—我的店铺管理"，进入店铺设置页面。

（2）在店铺设置页面，点击"信用评价"选项卡，进入"信用评价"页面。

（3）在"信用评价"页面可以查看评价记录。

3. 查看其他用户的信用评价

（1）点击店铺的"卖家信用/卖家好评率/买家信用/买家好评率"等链接，进入"信用评价"页面。

（2）在"信用评价"页面可以查看评价记录。

七、店铺介绍

1. 店铺介绍的写作要点

店铺介绍的写作要点包括以下几项：①网店店铺介绍的文字尽量精辟简洁；②店铺介绍的文字不与店铺主营产品偏离；③可在介绍中加入适当的产品关键字；④店铺介绍要简单易懂，突出品牌概念，或者突出活动信息；⑤不要掺杂特殊符号；⑥图片要根据自己店铺的风格来定，不要胡乱搭配。

2. 如何写店铺介绍

（1）产品的重要属性。店铺的主营产品要明确地写在店铺介绍中，比如你是卖男装的，那就写"男装品牌＋男装"。

（2）产品最吸引人的地方。把最吸引人的内容，如视频、图片、网络热词、客户见证放到最上面。

（3）抓住客户的心理。如出售的是一款儿童产品，那么你的用户就是家长，家长一般都是很疼爱自己的孩子的，这时你可以用一篇软文与消费者产生共鸣。

任务二　网上店铺的必需装备

一、宝贝编辑工具

淘宝助理（http：//zhuli．taobao．com/）是一个功能强大的客户端工具软件，它可以编辑产品信息，快捷批量上传产品，并提供方便的管理界面（图 5-1）。

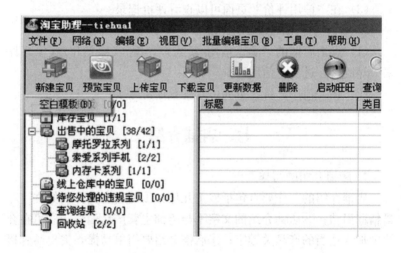

图 5-1　淘宝助理管理界面

1. 淘宝助理 V4. 1 Beta1 功能

（1）批量打印快递单、发货单，省下大量人工填写工作，还可以自定义打印模板。

（2）批量发货，减少手工操作，针对某些快递单还能自动填写运单号。

（3）批量好评，减少手工操作，方便通过好评进行营销。

（4）图片搬家功能提供简单的操作，可将宝贝描述中的图片自动迁移到淘宝图片空间。

2. 淘宝助理的功能特点

（1）离线管理，轻松编辑商品信息。

（2）快速创建新商品，仅用数秒就可以通过模板建立新的商品。

（3）批量编辑商品信息，节省宝贵时间。

（4）通过下载，轻松修改已经发布的商品。

（5）修改后批量上传，无需人工操作。

（6）导入导出 CSV 格式，更自由地编辑商品信息。

二、聊天、议价工具

（一）千牛-卖家工作台

千牛-卖家工作台由阿里巴巴集团官方出品，淘宝卖家、天猫商家均可使用。它包含卖家工作台、消息中心、阿里旺旺、量子恒道、订单管理、商品管理等主要功能，目前有两个版本：电脑版和手机版。其核心是为卖家整合店铺管理工具、经营咨询信息、商业伙伴关系，借此提升卖家的经营效率，促进彼此间的合作共赢。千牛 PC 版是卖家版旺旺的升级版，专为卖家解决店铺管理、销售经营的需求，除了具有卖家版旺旺的沟通功能以外，还具有处理订单、管理商品、查看实时数据等功能，帮助卖家在电脑前完成从客服接待到交易管理的所有操作，其中的旺旺功能是由卖家版旺旺升级而来，更加强大。千牛移动则主要为方便卖家外出的时候接单，不会错过生意。

（二）使用方法

（1）下载千牛工作台，点击桌面上的千牛图标进入，输入淘宝账号和密码。有两种方式可以进入，一种是工作台模式，一种是旺旺模式（图 5-2）。

图 5-2　千牛工作台登录界面

（2）登录后，会分成三个界面。左侧是联系人，中间是店铺的交易信息、店铺动态和待办事项，右侧是管理软件、交易管理等（图 5-3）。

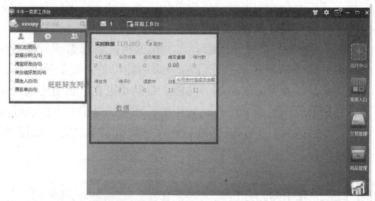

图 5-3　千牛工作台界面

（3）中间界面的图标都可以点击。如待评价数量为 5，说明有需要待评价的宝贝；点击"进入"，待评价的 5 个订单就会出现在框里。评价时可以一个一个手动评价，这是免费的，也可以购买批量评价，节省时间。在左侧框里可以搜索顾客。

（4）新订单和付款都会有提示，还可以设置自动回复内容。

三、图片处理软件

Adobe Photoshop（http：//www.adobe.com/cn/downloads.html）主要用来制作分类图片、原创店招，以及进行宝贝描述页面的图片装点（图 5-4）。

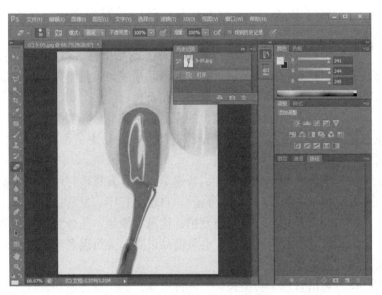

图 5-4　Photoshop 图片处理界面

四、店铺全方位功能的软件

工具吧网店助理是卖家服务市场中一款全方位的店铺辅助软件，主要用于淘宝网店的操作和维护。其服务对象是淘宝普店、旺铺和商城，功能主要包括：

（1）自动助理。商品下架时立即上架、仓库自动均匀上架、上架时间均匀调整、自动推荐快下架的商品到橱窗、自动评价已成功交易、自动搭配套餐发布、自动智能中差评拦截、自动短信关怀。

（2）营销推广。打折降价促销（对商品进行打折或者降价促销设置，提高订购率，包括限时打折、满件包邮、满元减钱、优惠券派送等功能）、团购秒杀活动（设置商品参加团购秒杀活动模板）、商品互链推荐（在商品描述中设置推荐其他商品的链接，提高商品曝光率）、搭配套餐模版（将店铺中两个或者两个以上的商品放在一起销售）、商品促销水印添加、活动海报自助推广。

（3）标题优化。商品标题优化、热门关键词表、商品排名查询。

（4）批量修改。批量修改商品名称、商品价格、商品有效期、商品库存，批量归类商品，批量修改商品描述，批量上架商品，批量下架商品，批量修改记录，店铺商品备份。

（5）宝贝医生。检测店铺中的商品是否被屏蔽，商品主图显示是否有问题，商品描述图显示是否有问题，商品中是否有 14 天有效期，对商品进行诊断与修复。

（6）发货打印。批量发货、快递单打印、发货单打印、快递单打印（分销）、发货单打印（分销）、自定义打印、发货信息设置。

（7）会员营销。会员短信营销、优惠券派送、集分宝派送、会员信息查询、等级折扣设置、会员商品设置、会员黑名单、会员分组管理、会员地区分布。

（8）短信管理。会员关怀、催付通知、二次催付通知、付款关怀、发货通知、到货通知、签收通知、回款关怀、好评感谢、中差评通知。

（9）流量分析。店铺统计概况、当前在线访客、今日访问详情、访客来源分析、关键词搜索统计、店铺统计日报、访客区域分析、商品访问分析、商品推广分析。

（10）销售管理。销售概况统计、销售日期查询、促销效果统计、下单时间统计、销售排名统计、商品订单管理、退款订单管理、评价情况统计。

五、流量统计工具

量子恒道是淘宝官方的数据产品，秉承数据让生意更简单的使命，致力于为各个电商、淘宝卖家提供精准实时的数据统计、多维的数据分析、权威的数据解决方案，是每个淘宝卖家必备的店铺运营工具。量子恒道目前分免费的标准包（包括流量分析、销售分析、客户分析及推广效果）以及付费的来源分析和装修分析，可记录店铺的流量（包含实时流量）以及销售、转化、推广和装修效果数据，帮助并指导卖家经营，提升销量。店主登录淘宝账号，进入卖家中心后台，然后在卖家中心处找到店铺数据，点击即可进入量子恒道，进入后就能看到如图 5-5 所示的"量子恒道店铺经"的页面。进入量子恒道后，既可以看到店铺的排名，还可看到店铺的核心数据，包括访客数浏览量、流量分析、销售分析等数据。

图 5-5　量子恒道店铺经

1. 量子恒道网站统计

量子恒道网站统计是一套免费的网站流量统计分析系统，致力于为所有个人站长、个人博主、网站管理者、第三方统计等用户提供网站流量监控、统计、分析等专业服务。

量子统计通过对大量数据进行统计分析，深度分析搜索引擎规律，发现用户访问网站的规律，并结合网络营销策略，提供运营、广告投放、推广等决策依据。

2. 量子恒道店铺统计

量子恒道店铺统计是为淘宝旺铺量身打造的专业店铺数据统计系统。它深度植入淘宝后台，通过统计访问使用者店铺的用户行为和特点，帮助使用者更好地了解用户喜好，为店铺推广和商品展示提供充分的数据依据。

六、优化商品标题，定位关键词

（1）"晨曦淘词"是一款淘宝辅助工具，它能通过查词来快速搜索淘宝、天猫商品所在位置，无论是店主想要做搜索排名，还是买家想要快速找到商品，这款软件都能提供很大的帮助。

（2）"淘宝指数"是淘宝官方的免费数据分享平台，于2011年年底上线，通过它，用户可以了解淘宝购物数据和淘宝购物趋势，其产品不仅针对淘宝卖家，还包括淘宝买家及广大的第三方用户。"淘宝指数"承诺将永久免费服务，成为阿里巴巴旗下一强大精准的数据产品。

（3）"阿里指数"是定位于"观市场"的数据分析平台，旨在帮助中小企业用户、业界媒体、市场研究人员了解市场行情、查看热门行业、分析用户群体、研究产业基地等。

（4）"百度指数"是以百度海量网民的行为数据为基础的数据分享平台。在这里，你可以研究关键词搜索趋势、洞察网民兴趣和需求、监测舆情动向、定位受众特征。

任务三 美化店铺的常规方法

淘宝店铺装修演示

淘宝店面装修同线下实体店的装修一样，会直接对顾客的心情和购买欲望产生影响，如果店铺装修不好，就等于输在了起跑线上。

　　店面装修的风格和色调一定要统一的，在装修网店时就应该对店铺的整体风格和色调进行分析。

　　风格统一是指网店装修给人的视觉感受一致，如复古、时尚、高雅、非主流等。现在，网购风潮已经席卷了整个网络市场，站在消费者的角度去思考和观察，常常有这样的感受：如果单击进入一家淘宝店，风格是自己喜欢的，就会多看两眼。如今，视觉识别系统（VI）已经比较普及了，需要结合产品的属性和特质，标准化、系统化地去规划网店。

　　色调的统一其实是与风格相辅相成的。风格离不开色彩，色彩也离不开风格。选取什么颜色对风格的影响是很大的。因此，需要合理运用色彩，且一定要有一个主色调，其他颜色做辅助，切忌"面面俱到"。

　　目前，淘宝内的模板多种多样，大家可千万别挑花了眼：一是要考虑网店产品的颜色；二是要考虑网店风格和视觉统一的要素；三是要考虑拓展性，即如果需要改版，是否可以在原有基础上进行演变，切忌店铺装修东拼西凑。

　　当然，对于一个没有美术基础的人来说，想要装修出独特的网店是有难度的。这里介绍几种常见的店铺装修风格。

　　● 大气婉约派。其特点是清晰优雅，以灰色、渐变色居多，突出产品，给人比较淡雅的感觉，适用于家具、灯具、服饰、鲜花以及风格不明确和产品颜色比较杂的产品。

　　● 妖艳多彩派。其特点是个性张扬，适用于各类时尚运动产品、化妆品等，运用得当，可使感染力大大提高。

　　● 小小公主派。其特点是温馨可爱，一般以粉色调为主，适用于童装、内衣、化妆品、小饰品等。

　　● 酷黑帅气派。其特点是酷、神秘，以黑色的暗色调为主，适用于稀奇古怪时尚新潮物品或重金属感强的商品。

　　● 复古原始派。其特点是古朴、原始、天然无污染，适用于美食、木头雕塑品、布艺、家居等。

● 乡村田园派。其特点是环保、自然，以黄绿色为主色调，适用于鲜花、童装、化妆品、草帽、家具等。

● 蓝透清新派。其特点是清透、水灵、纯净，以蓝色调为主，适用于洁具、小电器、生活小家居等。

● 喜庆中国红。其特点是喜庆热情、有感染力、视觉冲击强，适用于年货、糖果、干果等。

一、店铺招牌的美化设计

店铺招牌是位于旺铺最顶部的一张格式为 jpg 或 gif 的图片，老的旺铺提供 950×120 像素尺寸大小的图片，改版后的旺铺高度可调节，控制在 100～150 像素，所上传图片的大小需控制在 100KB 以内。

普通店铺顶部可自定义修改的只有店标和店铺公告两部分，而旺铺的宽度为 950 像素的大图，能让店家有更大的发挥空间。一般来说，店铺招牌可以包括店铺名称、店铺地址、推荐商品等。店铺招牌的设计在符合所选风格的前提下，越漂亮、越吸引人越好，通常可以使用 Photoshop 等专业软件进行设计。

（1）简单设计。在网络中可以寻找到很多好看、实用的店铺招牌背景素材，只要用心搜索，一定能找到适合自己的。在背景图片的基础上，选择好的字体，加入所需的内容，一个漂亮的店招图片就做好了。

（2）找人设计。在如果对店铺招牌的设计要求较高，可以找专业人士进行设计。淘宝中有很多店铺装修的卖家，都是专业的店铺设计师；也可以去一些威客的网站发布店招设计任务，如中国威客网（http://www.vikecn.com/）和猪八戒网（http://www.zhu-bajie.com/）。

（3）Flash 店招设计。淘宝网目前推出一种 Flash 装修服务"旺铺装修模板"，购买此服务后，卖家可以在所提供的多款 Flash 模板的基础上进行个性、可视化的设计，非常简单实用。

二、店铺导航设计

淘宝网为每一位卖家提供了一块导航区域，和网站的导航一样，每个链接都可以访问一个完整页面，页面可进行自定义编辑，也可通过淘宝所提供的固定选项进行显示。

1. 编辑导航步骤

（1）打开"店铺装修"的"管理页面"，页面中包含了已经添加的栏目，可以对他们进行编辑、删除和排序操作。其中首页和信用评价是必须存在的固定内容。

（2）单击"添加新页面"按钮可添加新的自定义页面，新旺铺的自定义页面与传统旺铺不一样，需要分为几个步骤进行操作：首先需要添加一个新页面，在页面中添加内容，最后将这个页面导入分类。虽然复杂了一点，但是功能却比以前强大了很多，下面来介绍具体的操作。

①进入装修的后台。所有获得旺铺内测资格的朋友都需要在卖家后台点击"店铺装修"，然后进入装修后台，按提示进行新旺铺激活（图5-6）。

图 5-6　店铺装修后台

②在分类栏中编辑。默认状态下的分类栏是没有任何分类的，更没有自定义分类页面。这时需要单击首页下拉栏各分项按钮进行编辑（图5-7）。

③添加内容。打开"宝贝分类管理"对话框，单击"添加手工分类"或"添加自动分类"中的内容（图5-8）。

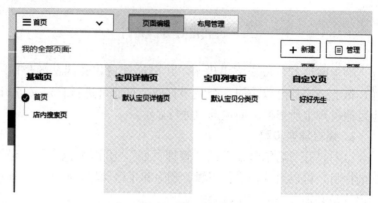

图 5-7　首页分类栏

图 5-8　"宝贝分类"对话框

④添加自定义页面。单击"页面"标签，切换到页面内容框，在这里单击"添加自定义页面"（图 5-9）。

需要注意的是，默认情况下，这里是没有自定义页面的，需要先进行添加，添加完成后返回这一步进行页面勾选，再进行分类页面的添加。

⑤创建自定义页面。选择页面类型，输入页面名称，设置页面地址，同时选择页面的显示方式，自定义页分左右栏和通栏两种形式。可以根据自身的需求自由设计，支持网页代码、友情热荐。本

160

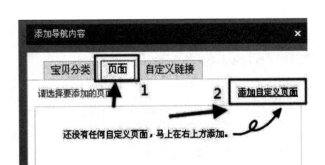

图 5-9　页面内容框

栏目是为其他淘宝收费用户提供的一个宣传平台，卖家可以通过推荐别人的宝贝赚取相应的佣金（图 5-10）。

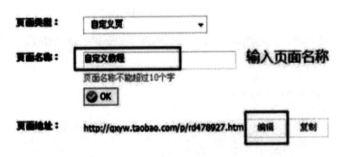

图 5-10　自定义页面创建框

　　⑥保存页面。按照上面的方式完成设置后，单击下方的"保存"按钮，完成当前自定义页面的创建（图 5-11）。

　　⑦替换对应的图像地址。返回装修页面，在左侧自定义页面下，显示当前创建的自定义页面（图 5-12），这里的操作和其他页面操作一样，单击"编辑"，在页面中添加编辑需要的内容即可（图 5-13）。

　　⑧创建自定义内容区。再次返回第④步中所示的页面添加对话框，勾选当前编辑制作完成的自定义页面，然后单击"确定"按钮，这样就可以让这个自定义页面在首页分类栏中显示了。

　　在"添加新页面"的最下方还提供了新建链接页面功能，这里

161

自定义页面可以用作促销活动、个性栏目、官方预置内容及设计师个性内容，不受任何限制。

页面规则：

· 自定义内容和设计师内容类型可删除导航、宝贝分类等官方模块，官方预置内容不能删除

· 导航不能删除，不能低于30px

· 导航+店招不能超过150px

保存　　取消

图 5-11　保存页面

图 5-12　自定义页面店铺招牌设计

图 5-13　自定义页面

既可以链接店铺中某个类别需要重点推荐的宝贝，也可以将好友的店铺加到此处作为重点推荐，但链接地址一定不能是阿里巴巴或淘宝网以外的任何地址。

2. 导航栏目的设置推荐

淘宝旺铺的导航是店铺中最引人注意的部分之一。设置好导航选项对完善店铺整体功能起到关键的作用，由于导航中最多只允许设置七个选项，因此在导航栏目的选择上需要多思考，切不可随意堆砌凑数。

（1）店铺介绍。单独设置一个栏目介绍自己，如"关于我们""了解……"等。在这里，可以介绍店铺的基本信息、发展历史、优势及联系方式等。如果有实体店铺，也可以将店铺的照片放在上面。

（2）特殊说明。有些店铺出售的商品需要向客户描述一些基本属性，每次都向买家描述比较烦琐，单独建立该区域可以较好地解决这个问题。如衣服、鞋子的尺码，易碎品的售后，个性设计产品的模板信息等。

（3）宝贝推荐。看图购和宝贝展台可以为买家提供个性化浏览的平台，也可以通过外部链接指到所需重点宣传的商品类别。

（4）慎用固定页面。友情热荐、购物保障等可直接添加的页面，在添加时需要反复斟酌，慎重考虑其是否适合店铺整体的需求。有些卖家因为导航设置数目没达到上限，便通过这些固定选项进行补充，反而使页面整体过于凌乱。

三、首页装修

■ （一）模块介绍

淘宝旺铺与普通店铺的首页在显示方式上最大的区别在于旺铺拥有个性化模块设置功能。在首页模块中，不但可以按照不同数量、不同缩略图大小、不同类别、不同排序方式显示商品列表，也可以创建完全自定义设计的促销区。如图 5-14 所示，选择"店铺装修"的"装修页面"，下半部分的左右两侧区域就是首页装修区，区域内所添加的模块可以随意移动排序。单击"添加模块"，弹出可选的模块选项。由于左右两侧宽度不同，所包含的内容也不同，左侧以基本信息为主，右侧以显示商品及促销信息为主。

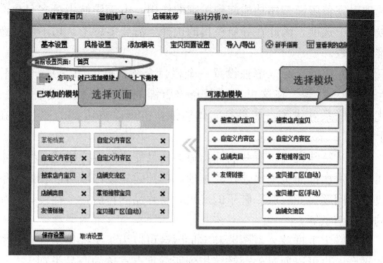

图 5-14　店铺管理页面

1. 公共模块

（1）自定义内容区。可以通过编辑器输入文字、图片，也可以单击工具栏中的源代码按钮，以输入 html 代码的形式编辑内容。

（2）装修模板区。添加此模块后，卖家可以选择 flash 模板作为商品和店铺展示。必须购买旺铺装修模板才可以使用该区域。

（3）图片轮播。将多张广告图片以滚动轮播的方式进行展示，支持 5 张以内的图片轮播显示。"图片设置"可添加图片地址及链接地址；"模块高度"可以从选项中选择，也可以选择最后的自定义进行输入，宽度左侧区域为 190 像素，右侧为 750 像素，分上下滚动和渐变滚动两种切换效果。

（4）搜索店内宝贝。添加一个店铺内的商品搜索模块，买家可通过输入关键词、价格范围来搜索店内商品。

164

2. 左侧区域模块

（1）宝贝排行榜。以图文形式展示热门收藏和热销商品排行榜。

（2）掌柜推荐宝贝。显示掌柜推荐的商品。

（3）宝贝分类。显示设定的商品分类，方便买家浏览店铺中的其他商品。

（4）友情链接。允许添加其他店铺成为友情店铺。

3. 右侧区域模块

（1）宝贝推广区。通过设置关键词、宝贝分类、宝贝价格区间、新旧程度等参数，将符合要求的商品自动显示在首页或自定义页面中。

（2）掌柜推荐宝贝。和宝贝推广区类似，只不过该区域显示的是掌柜整体推荐的宝贝。

（3）店铺交流区。显示店铺中的留言版块儿。

（二）装修细节

左右两块区域的设置是首页旺铺装修最重要的部分，淘宝为卖家提供了足够的个性化功能来装饰店铺，利用好它们能有效提升网店的流量及黏合度。下面介绍装修需要注意的一些细节。

1. 巧用左侧的自定义内容区

左侧区域受宽度的限制（190 像素），不能较好地应用个性化页面设计，但并不是说这部分用处不大，相反，利用好这个模块对页面整体装修的效果及实际应用可起到关键的作用。首先，可以设计并放置"收藏店铺"的图片，这对于提高店铺的收藏量有很大的帮助；其次，可以排列一些广告宣传图片，做一些新品、品牌等方面的宣传；最后，还可以用自定义内容的设计代替商品分类，这会使美观度有一定的提升，但存在更新烦琐、浏览速度较慢的缺陷。

2. 设计好促销区

通常右侧的最上方都会设置一块自定义编辑区，用来放置促销的内容。促销区的版式一般不固定，可以结合店铺整体风格进行个性化设计，利用 Dreamweaver 软件可以将促销区的设计图片拆分成若干小块儿进行链接，同时，也可以购买促销区域代码。但需要注意的是，促销区代码中所显示的图片都是外部链接，有失效的风险。

3. 用好宝贝推广区

宝贝推广区分为自动和手动两种，在进行店铺装修时，应充分利用该区域，以提高宣传效果。

四、宝贝列表页和宝贝详细页的装修

新版淘宝旺铺除了首页外，还提供了宝贝列表页和宝贝详细页的装修功能。宝贝列表页与首页装修类似，也提供了左右两侧的动态模板添加，而宝贝详细页面的右侧编辑区域则在宝贝基础信息、宝贝描述和宝贝相关信息的基础上允许添加自定义内容模块（图5-15）。

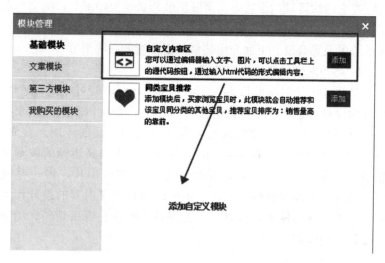

图 5-15　自定义内容模块添加界面

五、辅助装修工具

淘宝网在旺铺的基础之上还提供了一些辅助的装修工具，为那些想花少量时间和精力装修的卖家提供了方便。当然，这些都是收费的工具，是否适合自己，要看具体的实际情况。下面着重介绍两个工具——旺铺装修模板和 123Show 宝贝动态展示。

1. 旺铺装修模板

旺铺装修模板是淘宝网提供的一款基于 Flash 的在线编辑工具，卖家可以在所提供的多款精美模板的基础上进行在线编辑制作，所设计的 Flash 动画既可以应用到店铺招牌上，也可以在促销区使用。旺铺装修模板有选择多样、简单操作、快速设计的优点，下面介绍旺铺装修模板具体的操作步骤。

登录淘宝网后，单击右上方的"我的淘宝"链接，打开"我的淘宝"管理平台，在左侧导航中找到"软件产品/服务——我要订购"，单击打开"软件服务订购中心"，选择"我的软件服务"，如果订购了旺铺装修模板服务，在下面的软件服务列表中会有显示，单击右侧的"立即使用"链接，打开模板编辑页面。

旺铺装修模板主要应用在店招和促销两部分，模板的可用数量与所购买的服务相关。在设计 Flash 之前需要选择模板，在旺铺装修模板中寻找适合商品主题、风格的模板，在制作前可以对模板进行收藏、评价，查看其所适合投放的类别及人气。由于旺铺装修模板每月修改模板的次数是有限的，普通套餐每月只允许修改 5 次模板，因此需综合多方面因素，慎重选择。

单击所选模板中的"开始制作"按钮，打开 Flash 在线编辑页面，这是由淘宝独自开发的 Bannermaker 的工具，使用起来比较简单。单击模板中需要修改的模块，然后在右侧出现的属性窗口中进行编辑就可以了。

除了店铺招牌外，也可以应用 Flash 编辑工具开发促销区。和店铺招牌固定格式大小不同，促销可以是位于版面右侧的自定义区域，也可以是版面左侧的收藏或是宝贝分类，模板的样式多种多样，编辑方法与店铺招牌相同。

旺铺装修模板每天都会更新，卖家的选择也越来越多，但并不是使用动画越多、越花哨就越好，往往一些皇冠级的店铺仅仅使用了普通旺铺的基本功能就足够了。使用基于 Flash 的店铺招牌和促销区域会存在如下几个问题：

（1）模式固定，不易更改。虽然旺铺装修模板的数量多，能较好地满足卖家的需求，但在对所选模板进行在线编辑时，必须按照模板所提供的版式套用固定的内容，而不是先有促销内容再去设计。

（2）链接容易被浏览器阻止。Flash 中的页面链接容易被部分浏览器的默认设置阻止，需要选择"允许弹出窗口"后再单击链接，降低了用户体验。

（3）影响浏览速度。以店铺招牌为例，普通旺铺的店铺招牌是一张图片，可以将其压缩到一定大小，既不影响效果，又不影响浏览速度，而基于 Flash 的店铺招牌除背景图片外，还需要附加很多素材及商品图片，在网络中浏览的速度会有一定程度的降低。

2. 123Show 宝贝动态展示

123Show 宝贝动态展示是专门为淘宝商家定制的图片动态展示工具，商家无需任何技术背景，只需要简单操作就能制作出多种精美的 Flash 商品展示，为店铺或商场增添个性化的色彩。这种全新的动态展示可完美提升消费者的购物体验，是卖家提高销量的"秘密武器"。

（1）主要功能。

①动态展示功能。通过放大镜可以更好地看清商品细节，通过360°旋转，可以看到商品的各个角度，缩略图导航适合展示有多种颜色或材质的商品，电子杂志可用来介绍产品知识。

②个性化标签功能。可为商品展示添加打折促销和个性化水印等图标。

（2）操作流程。

①订购服务。卖家选择"我是卖家—软件产品/服务订购—购

买软件服务—素材/图片/视频—123show 宝贝动态展示"，单机"订购"，然后根据自身的需求选择订购的数量。

②选择模板。打开 123Show 管理平台后，卖家可以根据需要从热门模板中选择适合自己的模板。选中合适的模板后可预览效果，单击"选择使用"即可完成模板选择的操作；单击"更多模板"，可以重新进行模板选择。

③上传图片。卖家可从自己的计算机中上传图片，或从"最近上传"中选择已上传的图片，或从"淘宝相册"的图片库中进行选择。选中图片双击或将图片拖拽到左侧区域，可预览展示效果。

任务四　店铺的推荐商品

一、淘宝系统宝贝推荐模块设置的步骤

（1）在装修后台左侧找到"宝贝推荐"模块，点击，不要放开鼠标左键，拖到右侧想要的位置再放开就可以了（图 5-16）。

图 5-16　装修后台

（2）双击添加好的"宝贝推荐"模块 或者点击右上角的"编辑"入口（图5-17）。

图5-17 宝贝推荐模块

（3）自动推荐。自动推荐就是根据你设置的条件，系统自动在这里展示符合设置条件的宝贝。你可以选择某个分类显示在这里，也可以设置某个价格区间的商品显示在这里，还可以设置标题中包含某个关键字的商品显示在这里。此外，还可设置这个模块展示的宝贝数量（图5-18）。

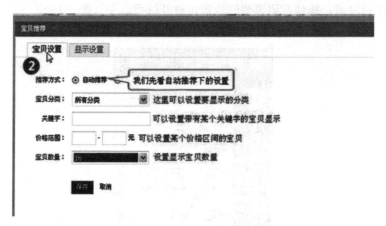

图5-18 自动推荐设置页面

（4）手工推荐。点击"手工推荐"后进入手工选宝贝框内，通过点击宝贝名称后面的"推荐"将商品显示在这个模块中。设置推荐后，也可以点击"取消推荐"（图5-19）。

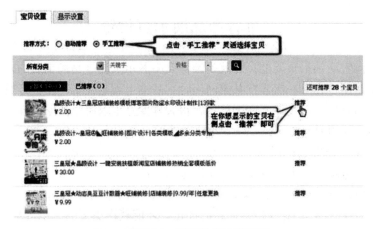

图 5-19 手工推荐设置页面

（5）显示设置。在这里可以设置该模块显示的名字、一行显示的个数、宝贝下面是否显示折扣价（注意，折扣价显示需要你在商品发布的时候设置折扣价，这里才能打钩显示、保存、发布）、出售数量、评论，以及模块里宝贝的展示顺序（图 5-20）。

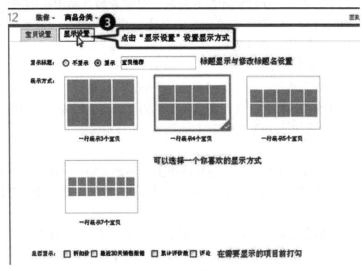

图 5-20 显示设置页面

171

二、推荐产品展示页设置

淘宝店铺最重要的页面就是推荐商品展示页。这是淘宝店的入口页，用户在第一次光顾某家网店时，基本上都是先从产品页开始的，而且用户最终能不能下单，在很大程度上也取决于商家的推荐产品页能否打动他，所以一定要在这个页面上下足功夫。

1. 产品标题的设置

在淘宝中，大部分用户都是通过淘宝搜索来查找感兴趣的产品的，所以推荐产品的标题至关重要，就好像网站的搜索引擎优化（SEO）一样，一定要做好标题的优化，才能获得更多的展示机会。标题中的词汇应该符合用户的搜索习惯，这就需要我们换位思考，站在用户的角度去分析他们在检索相关产品时会搜索哪些词语，同时与 SEO 一样，标题中的关键词与关键词之间也要分开，比如"品牌 2011 新款甜美糖果色漆皮高跟单鞋 34-40"，这个标题看着就有些别扭，这样设置不但影响用户的浏览，而且关键词之间不分开，也影响优化。在优化标题的同时，也要兼顾产品卖点的展示，不要顾此失彼。标题要突出产品的亮点、超值的赠品、低廉的价格、贴心的服务、免运费等。

2. 正确设置产品属性

在上传产品时，一定要正确设置产品的各项属性，如品牌、名称、货号等，这样会增加在淘宝搜索中的展示率，因为许多顾客会按照这些类别进行精准搜索。

3. 产品图片

产品图片至关重要，因为在网络上看不到实物，只能通过图片来判断。所谓"一张好图胜千言"，在展示产品图片时需要注意以下几点：

①根据自己的产品特点提前设计好适合产品的拍摄方案和风格，要充分考虑美感、取景、构图等元素，原汁原味地呈现产品，可以用摄影技术去美化产品，但尽量避免用软件去修改，如不要用

Photoshop 软件修改颜色等。

②产品图片一定要清晰，减少色差，同时在拍摄时要考虑与店铺整体风格色调的搭配。如果销售的产品可以用真人展示，效果更佳，通过真人展示的冲击力更强，这也是为什么淘宝模特如此走红的原因。在挑选模特时，应注意多找一些不同类型和风格的模特，多方对比，找出最适合的模特，对于服装等产品可以多找几个模特，同时尽量把模特的身高、体重等数据都标注出来。

③多方位展示产品。在拍摄产品时，要从不同的角度多方位去展示，整体图片要有，细节图片也要有，产品面料、材质、尺寸、精巧设计处、包装、所配附件、发票等细节最好也都通过图片展示出来，其中最重要的是产品的特色和卖点。产品图片切忌太大，在保证图片品质的情况下，每张图片最好能控制在100KB 内。

④如有水印，不要影响图片的整体效果和美观，切忌把水印打到产品上面，如果必须放在产品上面，最简单的办法是把水印的透明度调到 70％～90％。

4. 产品描述

除了产品图片外，文字的描述也很重要，这就相当于实体店中售货员的描述，那些比较善于表达的售货员往往业绩都比较突出。

文字描述的核心是突出产品的卖点，如信誉产品的品质、售后服务等，关键是要从产品中挖掘亮点。这里讲一个真实的案例，相信大家看完后会非常有启发。

有两家不同的店铺在销售同一款太空保温杯，两家店的信誉水平差不多，其中 b 店比 a 店的产品标价高出了近 50％，但是在实际销售中，b 店的销售却比 a 店高出了十几倍，a 店的销售量仅为几十个，b 店却销售了几百个，这是为什么呢？其秘密就在于产品描述。a 店的产品描述中规中矩，先是几个简单的产品图片，然后是基本的产品描述，如材质、质量等，最后写一段宣传语。而 b 店的产品描述重点突出了"健康"二字，强调了"病从口入"这个理念，通过一系列的文字告诉大家只要与嘴有关的产品，一定要注意安全和健康，特别是选择水杯，一定要慎之又慎，并列举了简单的案例说明其重要性和危害性。然后，b店在对产品的具体描述中重点强调了这个水杯的安全性，比如用于制造这个杯子的钢是进口产品，通过了国际认证，杯口的胶圈选用了国外的天然橡胶，无毒无害，同时还列举了假杯和劣质杯的危害等。

除了挖掘卖点外，还有一些基本的问题应该在产品描述中说清楚，如：

（1）如何验证正品。如果卖的产品是正品，就不怕买家去检查，告诉买家如何验证正品会让买家产生信任感。

（2）邮费。应在页面中详细说明邮资标准，以免买家按照低邮费支付后卖家再联系买家补邮费。

（3）默认快递。默认快递可以方便客户收货，达到更好的用户体验，而且一旦和快递公司合作，价格也会比较优惠。但是买家并不是对所有快递公司的服务都满意，所以网店一定要有默认快递的说明，如默认申通、圆通等，如果买家有其他请求，应尽量满足买家请求。

（4）发货时间。告诉顾客正常的发货时间和规律，让顾客做到心中有数。

（5）买卖家约定。如果一些产品需要有特殊说明，要提前约定好，以免引发不必要的纠纷，如化妆品、消耗品等是不能退货的。应提前说明售后服务和保证，如果有相关的配套服务，也一定要在页面中说明，完善的售后服务也是打动顾客的因素之一。

（6）产品相关提示或套餐广告。在产品中搭配相关产品或是以套餐的形式捆绑销售，不但可以增加用户体验，也是一个非常不错的促销手段，如在手机产品中搭配电池、手机套等。

（7）视频展示。随着带宽的发展，在线看视频越来越流畅了，在有条件的情况下，用视频展示产品的效果会更好。目前淘宝支持56.com、土豆网、酷6网、优酷网的视频展示，不过需要付费，才可以取得在淘宝中展示视频的权限。具体可在"我的淘宝—我是卖家—我要订购"中购买视频展示许可。

案例 5-1

横幅广告（banner）的设计技巧

banner 是"首焦"，在整个店铺展示中影响较大，一般来说，banner 具有新产品展示推广的作用，直接影响一个店铺的风格。每逢网络购物节，banner 还可以进行系列营销广告推广，如店铺的优惠活动、折扣、精彩参与活动等。下面就具体说说 banner 的设计技巧。

一、明确企业店铺类目

如护肤品、服装、鞋子、彩妆、小家电、大家器、食品、母婴等。每个类目都有自己的基本设计方向（图 5-21）。

图 5-21 产品类别

二、看需求

以食品为例，应仔细观察各类食品的特点（图 5-22），如辣豆干多用热烈的红进行渲染，描述突出"辣"，该系列产品注重口味独特。

图 5-22　食品品类

三、背景

背景是用来衬托店铺产品风格的，所以要根据产品品类及店铺特色来制作背景。海报背景的设计方式大致有两种。

（1）制作与主体产品相符的卡通图或自然图（图 5-23）。

图 5-23　卡通图背景

（2）将特色产品提取，根据产品特点和包装风格制作背景。这时背景分为纯色、渐变、图形扁平化、3D 效果等（图 5-24）。

176

图 5-24 纯色背景

注意：海报背景颜色的选择也要考虑整个店铺的主色调，尽量避免采用产生强烈对比的颜色。如果想要用对比色，要考虑色相/饱和度和明度。

四、结构布局

目前网店中常见的结构布局分为左右排版、上下排版、居中排版、立体排版。

左右、上下排版是指把产品和主题文案按照左右、上下的顺序摆放好（图 5-25、图 5-26）。

图 5-25 左右排版

图 5-26 上下排版

居中排版是指把主题文案放在中间位置，产品放在两边（图5-27）。

图 5-27 居中排版

立体排版是指把主题文案与实物产品分层呈现，凸显立体感（图 5-28）。

图 5-28 立体排版图

消费者进入一家网店，首先看到的是店铺的产品，其次会看到店铺主文案，然后才会看到其他渲染环境的元素，因此，首页banner的设计应把产品与主文案的结构布局规划好，尤其是有特殊活动时，需要特别突出活动主题。

五、主文案策划

（1）主文案的字体设计。字体设计要与产品主题风格协调一致，好的字体辨识度和文案内容能够吸引浏览者继续浏览，让人耳目一新，过目不忘。

（2）一个文案中字体大小以3～4种为最佳，这样既保证了海报的层次节奏，又不会让海报太复杂。

（3）巧用影子和光才让产品更好地和背景融合，设计效果才能更加明显。

（资料来源：根据阿里巴巴卖家学习服务平台内容改编）

复习思考题：

1. 淘宝店铺定位重要吗？定位要考虑的主要问题有哪些？

2. 如何设计"双十一"页面，与日常页面设计相比，需要注意哪些问题？

3. 应如何打造详情页的差异化？

模块六 网店的推广与营销

任务一 营销与推广概述

一、营销的概述

1. 含义

营销是一个计划和执行知识、货物以及服务的形成、定价、推广和分拨的全过程，目的是通过交换来满足个人和组织的需求。

2. 起源

理性营销始于1823年美国人尼尔逊创建的专业市场调查公司，自此，市场研究建立了营销信息系统并成为营销活动的重要部分。克拉克指出，市场信息是"对事实或近乎事实的收集与解释，或对事实的估计与推测。"广告媒体的广泛应用把简单的回归分析、抽样技术和定性研究引入市场研究。

营销从传统的经济学转入管理学研究，标志着营销管理时代的开始。"经济学是营销学之父，行为科学是营销学之母，数学是营销学之祖父，哲学乃营销学之祖母。"经济学侧重于效用、资源、分配、生产研究，核心是短缺，而营销是公司管理的重要部分，核心是交换。

20世纪50年代，营销环境和市场研究成为热点。营销管理必须置于而且适应不断变化的环境，有助于制造商更好地理解其生活方式与态度。于是"市场细分"的概念浮出水面，市场细分根据消费者的社会经济特征去判断消费者的行为模型。1960年，杰罗姆·麦卡锡提出著名的"4P"理论；威廉、莱泽提出了比市场细分更理想的方法，即消费者的价值观念与人生态度比其所处的社会、阶层更准确地解释消费者的消费方式。自此，市场研究强化了消费者态度与使用的研究，从态度与习惯判断生活方式。20 世纪70 年代末，随着服务业的兴起，服务营销为服务业提供了思想和工具，也帮助制造业开了拓新的竞争领域。

3. 基本理论

"4P"理论是市场营销的基础理论。"4P"营销理论被归结为四个基本策略的组合，即产品、价格、渠道、促销，由于这四个词的英文字头都是"P"，再加上策略，简称为"4PS"。1967 年，菲利普·科特勒在其畅销书《营销管理：分析、规划与控制》第一版中进一步确认了以"4PS"为核心的营销组合方法，即：

（1）产品。注重开发的功能，要求产品有独特的卖点，把产品的功能诉求放在第一位。

（2）价格。根据不同的市场定位制定不同的价格策略，产品的定价依据是企业的品牌战略，注重品牌的含金量。

（3）渠道。企业并不直接面对消费者，而是注重经销商的培育和销售网络的建立，企业与消费者的联系是通过分销商来进行的。

（4）促销。企业注重销售行为的改变，以短期的行为（如让利、买一送一、营销现场气氛等）促成消费的增长，吸引其他品牌的消费者或导致提前消费来促进销售的增长。

二、营销对企业的重要性及现实意义

市场营销战略是企业一个职能战略，是企业战略体系的核心。它依据企业战略的要求与规范制定市场营销的目标、途径与手段，并通过市场营销目标的实现支持和服务于企业战略。

在激烈的市场竞争中，企业要及时对市场变化做出反应，因此必须建立以市场为导向的经营运作机制才能使企业立于不败之地，市场营销在企业中的关键作用也不言自明。

在对美国 250 家主要公司的调查中，大多数管理人员认为公司的第一任务是制定市场策略营销，其次是控制生产成本和改善人力资源。在世界五百强的大公司中，约有三分之二的 CEO 最初是营销经理。公司的营销部门在公司中地位很高，有很大的发言权，一般一个新项目或者产品，要先经过营销部门，才能经研发部门。就整个企业的运营过程来说，营销是起点，也是终点，起于市场调研，终于客户服务和满意度调查。

市场营销就是要通过销售商品、调查市场、引导生产、创造需求、协调关系的过程使企业的产品满足顾客需求。企业需要通过对市场的调查，弄清楚谁是企业的潜在客户、他们需要什么样的产品、需要多少等基本市场信息，然后制定市场策略，指导生产，协调好与顾客的各种关系，最终实现顾客的价值和企业的效益。同时，企业在经营活动中也涉及与供应商、分销商、竞争对手和顾客等的各种关系，其中既有复杂的利益关系，也存在着相互制约和依赖，需要营销部门不断协调各种关系，建立不同利益主体间合作的新方式。在企业内部，营销活动涉及人、财、物等各部门的资源，如何对它们进行合理配置，为企业的营销活动创造支持条件，也需要营销系统进行统一的资源整合和管理。企业对这些内外部多种关系的处理，影响着企业对市场机会的把握程度，也影响着企业的营销竞争力和企业核心竞争力。

企业要想从营销角度提高竞争力，必须具有强有力的市场营销团队，建立高效的市场营销系统，把握市场机会并加以利用。高水平营销系统的竞争优势主要体现在：①同类产品价格低于竞争对手；②低成本高效率地将产品送达客户；③拥有可靠的市场渠道和战略联盟；④拥有知名度较高的品牌和客户关系。可见，市场营销是企业活动的关键，大多数企业管理人员的第一任务也是制定与执行市场营销策略。市场营销在现代企业中的地位和作用是通过整体营销来体现的，即企业的所有工作都围绕营销来展开，以满足顾客的需求和企业的价值。随着市场竞争的加剧，整体营销在企业的地位将会越来越高，营销系统作为企业的生命线已经成了不争的事实。

1. 市场营销策划能使企业从劣势走向优势

企业在市场活动中，会面临种种风险和危机，难免会在某些时刻处于劣势，这时就需要一个完整、系统的市场营销策划方案使企业绝处逢生，从劣势走向优势。

2. 市场营销策划能强化营销目的

企业的营销活动都有一定营销目标的，这个营销目标实际上就是企业发展的方向，一个科学而完整的市场营销策划方案的首要任务就是提炼出企业的营销目的，并围绕目的策划出一系列具体的行动方案，进一步加强和突出企业的营销目的。

3. 营销策划使企业有更好的市场定位

在市场经济环境中，企业首先要做的是细分市场，找出在市场上的位置，做好市场定位，并借助种种营销手段去获得更多的市场份额。在这个过程中，企业的基本任务是要找到市场空当，为企业确立一个生存和发展的空间，根据这样的市场定位开展营销活动。与此同时，优秀的市场营销策划还能开拓出新的需求，发掘出新的市场，这也是当今市场营销活动的又一重要任务。

4. 营销策划能在一定程度上降低营销费用

市场营销活动需要投入一定的营销费用，如能进行周密的营销策划，则能够对费用的支出做最优化的组合安排，提高营销活动的效益，避免因盲目活动而造成的浪费。根据美国布朗市场调查事务所统计，有系统营销策划的企业比无系统营销策划的企业，在营销费用上要节省五分之一到二分之一。

三、推广的概述

1. 含义

市场推广是指企业为扩大产品市场份额，提高产品销量和知名度，将有关产品或服务的信息传递给目标消费者，激发和强化其购买动机，并促使这种购买动机转化为实际购买行为而采取的一系列措施。市场推广是销售、营销的手段和方式。

2. 关键因素

决定有效市场推广的关键因素主要包括以下几个方面：

（1）市场调查与分析。在进行市场调查与分析时，应包括以下四个方面的内容：①企业自身的信息（知己）；②竞争对手的信息（知彼）；③合作伙伴的信息（客户、物流）；④顾客、市场的信息（终端顾客、消费者）。营销人员要掌握市场调查与分析的技巧，重视市场调查与分析。有些企业缺乏市场调研，仅凭自己的主观判断，导致了最终的失败。因此，我们一定要通过市场调查来了解消费者和对手的想法，了解经销商和客户的想法，没有调查就没有发言权。

（2）有效的产品规划与管理。有效的产品营销策略组合能够有效地打击竞争对手，是提高企业赢利能力的有效武器。产品策略组合应包括以下内容：①如何提高企业自身产品的技术研发与应用；②如何进行产品概念的提炼与包装；③如何调整产品销售结构与组合。企业生存的目的是赢利，提高企业赢利的方法一是产品价格卖得比对手高；二是企业效率比对手高，成本控制比对手要好；三是产品销售结构组合要好。

营销与销售的根本区别是：销售是把产品卖出去，营销是持续地把价格卖上去。想要将自己产品的价格卖得比对手高，就需要进行有效的市场推广和有效的产品组合。

（3）终端建设与人员管理。在市场推广中，终端建设就如同抢阵地，要占据有利地形和位置，修筑工势。终端是实施营销战争的阵地，要想消灭对手就要占领有利阵地，消灭对手的有生力量。

人员管理体现在市场推广中的兵力较量。胜利的因素取决于兵力的多少、素质的高低、技能、领导、士气、团队精神等。要想领先对手，必须有大于对手 1.7 倍的兵力，才能取得绝对优势。例如，国产手机、家电等企业分析了自己在产品、技术方面的劣势后，都采取了在终端增加促销人员，进行人海战术的战略，最终赢得了一定的市场。如今，在渠道同质化、产品同质化严重的竞争情况下，终端成为新的竞争点，越来越受到企业的重视。

（4）促销活动的策划与宣传。营销"4P"中产品、价格、渠道可以归纳为战略，促销则为战术，只有通过促销手段，才能促进战略的实施与执行。促销涉及产品、价格、渠道等几方面。

3. 推广方式

推广方式包括：①新闻发布会；②广告；③营业推广；④公关推广；⑤人员推广；⑥活动推广；⑦资料推广。

任务二　网上店铺推广
与营销的实施

一、制订网店推广与营销方案

在互联网经济时代，网店的竞争力不仅与商品本身有关，还与网店的运作、营销手段息息相关，网络营销推广已随着网络的普及逐渐被越来越多的企业所关注。网店的营销理念与传统企业是一致的，并没有太大的差异，而在具体推广工具的使用及推广的技巧策略上，网店还是有其自身的特点的。

无论什么样的营销与推广，在推广初期，都需要制订一套推广营销方案。推广营销方案的制订有助于总体把控推广的进度、方法、预算、时间性等。网店的推广营销方案，主要有以下几方面的要素：

1. 制定推广策略和方法

网店的推广策略主要要考虑网店的推广要达到什么样的效果，以及网店计划的资金投入。在制定方法的过程中，还需要考虑对于网店来说什么样的推广手段比较有效。

目前常见的网店推广方式主要有电子商务平台内部的推广工具以及付费推广手段、通过搜索进行的竞价排名和优化（搜索引擎优化和 SEM）。近几年，随着社会化媒体，如微博、微信的发展，很多淘宝网店开始在微博、微信上进行产品营销，通过链接来增加网店的点击率，以此增加销售量。

2. 推广团队的确定

工作的基本方法和手段确定后，最重要的是执行，提到执行，就要有负责的相关人员或团队。组建合适的推广团队是推广的重要条件，团队的大小则应根据网店经营的规模来定。对于初创的网店来说，有可能经营者自己就负责了全部的工作，或者有1～2个合伙人，其中1人兼职负责推广工作；对于相对较大规模的网店来说，可能有1～2个专门负责网络推广的人员。无论是多大规模的团队，都需要按照计划将团队人员进行分工，负责到人，并严格制定推广的执行时间，提高方案的执行率，只有高的执行率才能降低推广成本。

3. 推广的费用预算

想要有效地执行网店的推广方案，还要制订严格的预算方案。预算的制定主要依据两个方面来确定：一是公司能接受的推广投入，这与网店经营的规模有关，根据投入范围来制定分别在哪种方式上投入多少资金；二是选择投入工具和推广方式，分别根据每种投入方式来计算投入资金，将投入资金控制在企业可接受的范围之内。对于初创的个人网店来说，一般都会优先选择微博这样的免费推广以及平台内的付费推广。

4. 推广的预期效果

制定推广策略、推广手段、预算等基本要素之后，还有一个重要的部分就是要确定推广计划在一定时间内预期要达到的效果。如果没有时间性、没有预期效果，就无从朝某一个预定目标去努力，并且在推广过程中无法有效地把握推广进度，也就无法及时调整推广策略。如果没有确定好时间性和预期目标，就无法对推广的有效性进行评估。

二、平台内的营销策划

电子商务平台内部一般都有推广工具和方式，每一种活动资源具有不同的推广特点、推广形式及推广效果，如果能充分利用平台内的推广手段，应该说是非常具有针对性的。

我们以目前最大的电子商务平台——淘宝网为例。淘宝网上有一些供网店经营者选择的推广工具，卖家只要有效选择具有针对性的淘宝平台上的推广工具或者营销活动，就可以起到推广店铺的效果。

淘宝网中常用的店铺推广工具有以下几种：

1. 宝贝推荐

宝贝推荐是淘宝网专门为卖家提供的一种基于店铺推荐位的商品信息推荐工具。宝贝推荐不仅能使卖家的商品信息在店铺中间最显眼的位置展现出来，还可以在每件商品详细页面底部也获得同步展现，同时，还能在阿里旺旺聊天对话框中显示商品推荐信息。宝贝推荐具有同步的全方位推荐功能，有利于卖家店铺商品获得高度曝光的概率，从而大大提高卖家店铺的点击率。

2. 店铺交流区

店铺交流区主要用于卖家与买家进行互动，为卖家提供基于留言信息功能的商品优惠信息发布，为买家提供宝贝购买事项及购买技巧。通过交流区中交流信息量的多少，可以直接判断出该店铺的受关注程度。同时，卖家可以通过优质的服务来提高交流区的得分率，增加信誉度，从而进一步获取更大的店铺流量。

3. 友情链接

友情链接是指为了提高店铺的流量，增加客户对店铺的访问率，店铺和其他店铺以店标或店铺名称等为链接载体，所进行的相互链接。

在进行友情链接时，一般要求对方店铺和自己店铺所经营的商品有一定的联系，这样顾客在访问对方店铺的时候就有可能通过链接访问到你的店铺。注意不要在店铺中增加与自己经营商品无关的店铺链接，否则会弄巧成拙，降低店铺的专业度。

4. 个人空间

个人空间类似于博客，是淘宝内部一个供店铺经营者自由发挥的地方。如果对个人空间进行精心设置，并经常发表与自己店铺商品有关的文章，编写高质量的日记，将使这里成为一个非常有用的宣传窗口。如店铺经营护肤品，那么店主可以在空间内编写相关护肤品的使用说明、使用心得，推荐一些自己使用过的好的产品，这将是非常有效的宣传手段，很多顾客会因为看了你的文章而点击你的店铺并购买。

5. 发布广告

任何一个电商平台都有发布广告的功能，按照广告发布位置和发布时间来收费。但要注意的是，群发广告应该尽量精准并且不要太过频道，否则会引起用户的反感，导致店铺被屏蔽。

6. 店内促销工具

不同的网店交易平台提供的店铺促销工具各不相同，总体来看，淘宝网上的店铺促销工具的功能较为强大，常用的包括以下几种：

（1）满就送促销宣传。满就送推广工具是淘宝网基于旺铺，为卖家提供的便于进行价格让渡、礼品赠送、积分赠送以及邮费减免等促销活动快捷设置的店铺营销平台。通过这个平台，可以给卖家带来更多的店铺流量，让卖家的店铺促销活动面向全网推广，将便宜、优惠的店铺促销活动推广到卖家所寻找的店铺购物路径当中，缩减买家的购物成本。

通过这个促销工具，可以提升店铺流量，提高转化率，增加客户订单数量和订单额度。

（2）限时打折促销宣传。限时打折是淘宝针对在自己店铺中选择一定数量的商品在特定的时间段中以低于市场的价格进行促销活动的卖家所提供的促销工具。卖家通过订购方式获得此推广工具后，便可以开展商品限时打折促销活动推广。通过这个活动，可以增加顾客的点击率，如果店铺经营得好，还能通过此活动赢得回头客。

（3）搭配套餐促销宣传。搭配套餐是基于淘宝旺铺，针对欲将几种商品组合在一起形成套餐组合进行捆绑销售的卖家所提供的快捷促销推广工具。通过促销套餐，可以让买家一次性购买更多的商

品，有利于提升店铺的销售业绩，提高店铺购买转化率，增加销售
订单数和商品曝光度。

（4）店铺优惠券促销宣传。店铺优惠券是在卖家开通营销套餐
或会员关系管理后，淘宝以店铺为单位，发放给卖家的具有一定面
值的优惠券，该优惠券可在会员第二次购买商品时直接抵用。店铺
优惠券仅用于会员，卖家应根据实际情况谨慎选用发放的面额、数
量以及有效时间。

7. 会员关系管理工具

会员关系管理工具是帮助卖家管理自己会员的工具。通过会员
关系管理工具，卖家可以充分了解会员的信息，针对不同的会员推
荐更合理的营销方式。同时，卖家还可以通过顾客的购买次数等加
深与顾客的联系，提高会员的忠诚度。

通过会员关系管理工具，卖家可以根据顾客购买的金额和件数
设置会员等级，差异化管理，让顾客感受到店铺对顾客的回馈和重
视，使其愿意长期在同一个店铺购买同类产品。

三、搜索引擎优化推广

搜索引擎优化为近年来较为流行的网络营销推广方式之一。其
主要目的是增加特定关键字的曝光率以增加网站的能见度，进而增
加销售的机会；主要方法是通过对网站关键字、主题、链接、结
构、标签、排版等各个方面的优化，使用户在百度等搜索网站上更
容易搜索到网站的内容，并让网站的各个网页在搜索门户网站中获
得较高的评分和展现率，通过搜索展示在排名靠前的位置，更容易
被相关用户关注或点击，从而增加销售机会。搜索引擎优化的主要
工作是通过了解各类搜索引擎如何抓取互联网页面、如何进行索引
以及如何确定其对某一特定关键词的搜索结果排名等技术对网页进
行相关的优化，使其提高搜索引擎排名，从而提高网站访问量，最
终提升网站的销售能力和宣传能力。

平台内的推广方式主要是针对已经熟悉在该平台浏览商品的网

购消费群体来设计的。对于更多用户来说，他们没有登录特定的电子商务平台，而是比较盲目地在一些搜索门户网站，如百度、谷歌等去搜索相关商品的信息。在这种情况下，很有必要进行搜索引擎优化推广，因为该类消费群体比较盲目，或者说他们通过搜索想要了解的并不仅仅是特定商品的价格信息，而是想从其他方面了解更多同类商品的信息。通过搜索引擎优化推广，可以使顾客在搜索网站搜索到网店的销售信息，从而提高网店的销售。

1. 常用的搜索引擎优化方式

（1）关键字分析。关键字分析是搜索引擎优化最重要的内容，因为当顾客在网站进行搜索的时候，顾客搜索的那个词就是关键词，而在搜索引擎的优化推广中，需要将经营业务或者商品的关键词提炼出来，期望通过消费者的搜索来链接关联到我们的网店。关键词分析包括关键词关注量分析、竞争对手分析、关键词与网站的相关性分析、关键词布置、关键词排名预测。

（2）网站架构分析。网站架构符合搜索引擎的爬虫喜好有助于搜索引擎的优化。网站架构分析包括提出网站架构不良设计，实现树状目录结构、网站导航与链接优化。

（3）网页页面优化。搜索引擎优化不止是让网站首页在搜索引擎中有好的排名，更重要的是给网站每个页面都带来流量。

（4）内容发布和链接布置。搜索引擎喜欢有规律的网站内容更新，因此，所以合理安排网站内容发布日程是搜索引擎优化的重要技巧之一。链接布置则是把整个网站有机地串联起来，让搜索引擎明白每个网页的重要性和关键字。

（5）建立高质量的友情链接。在同类且点击率高的网站建立友情链接，有助于帮助推广自己的网页。对于开淘宝网店的个体经营者来说，想要低成本地进行搜索引擎优化，可以选择在很多开放性的论坛、社区发布自己经营店铺和商品的相关软文，并且在撰写软文之前，提炼出高质量的关键词。发的文章越多，搜索网站后台抓取关键词的概率就越大，同时意味着你的软文宣传会被搜索网站抓取出来并出现在比较靠前的位置，从而提高购买者点击网店页面并进行购买的概率。

2. 网店的搜索引擎优化推广方式

网店经营者运用搜索引擎优化方式来推广网店的关键要素有以下几个：

（1）品牌定位。消费者进行特定搜索的时候，总会以搜索目标的某一特性来作为关键词，其中，品牌就是一种指向很明确的关键词，这种方式比较适合品牌意向很明确的购买人群。以淘宝网店为例，品牌是淘宝品牌分类里的一级目录，常见的知名品牌都会在这个类别下体现。如果你的网店经营的是某几类知名品牌的商品，那么品牌名称将是重要的关键词之一。

（2）细分产品定位。细分产品定位需带限定的产品词，如"有机农产品"。这些关键词都对商品的性质、用途等有较为明确的规定，能够表明客户的明确需求。设定好这样的关键词可以争取一些潜在客户，因此，在定位关键词时还要定位好产品的特点、性质、用途等关键词。

（3）通用词定位。通用词定位的特点是字数少，不包含品牌等描述，通常是比较直接的商品名称本身。如有的顾客想买樱桃，但对品牌没什么要求，会直接以"樱桃"为关键词进行搜索。这样的关键词表明购买者有一定的产品购买意向，但是对于类别并不明确。

四、其他方式的营销推广

1. 电子邮件

以电子邮件为主要网站推广手段的常用方法包括电子刊物、会员通讯、专业服务商的电子邮件广告等。基于用户许可的电子邮件营销与滥发邮件不同，许可营销具有比传统的推广方式或未经许可的电子邮件营销更明显的优势，如可以减少广告对用户的滋扰、增加潜在客户定位的准确度、增强与客户的关系、提高品牌忠诚度等。

2. 微博营销

微博营销是指通过微博平台为商家、个人等创造价值而执行的一种营销方式。该营销方式注重价值的传递、内容的互动、系统的布局、准确的定位，微博的火热发展使得其营销效果尤为显著。专业的微博营销团队可为个人及企业提供微博营销服务，微博营销涉及的范围包括认证、有效粉丝、话题、名博、开放平台、整体运营等。当然，微博营销也有其缺点，如有效粉丝数不足、微博内容更新过快等。

微博营销特点包括：

（1）立体化。微博营销可以借助先进的多媒体技术手段，通过文字、图片、视频等展现形式对产品进行描述，从而使潜在消费者更形象、直接地接受信息。

（2）高速度。微博最显著特征就是传播迅速。一条关注度较高的微博在互联网及与之关联的手机平台上发出后，短时间内的互动性转发就可以使该信息抵达微博世界的每一个角落。

（3）便捷性。微博营销优于传统推广，无需严格审批，从而节约了大量的时间和成本。

（4）广泛性。可通过粉丝形式进行病毒式传播。同时，名人效应能使事件传播呈几何级放大。

3. 微信营销

企业应该将微信作为品牌的根据地，吸引更多人成为关注的普通粉丝，再通过内容和沟通将普通粉丝转化为忠实粉丝。当粉丝认可品牌，建立信任，自然会成为你的顾客。

营销上有一个著名的"鱼塘理论"，微信公众平台就相当于这个鱼塘。

4. 信息发布

将有关的网站推广信息发布在其他潜在用户可能访问的网站上，利用用户在这些网站获取信息的机会实现网站推广的目的。适用于信息发布的网站包括在线黄页、分类广告、论坛、博客网站、供求信息平台、行业网站等。信息发布是免费网站推广的常用方法之一。

任务三　网店商品销售的必备技巧

一、网络营销渠道建设

1. 网络营销渠道概述

（1）网络营销渠道的功能。与传统营销渠道一样，以互联网为支撑的网络营销渠道也应具备传统营销渠道的功能。营销渠道是指与提供产品或服务以供使用或消费这一过程有关的一整套相互储存的机构，涉及信息沟通、资金转移和产品转移等，因此，一个完善的网上销售渠道应包含三大功能：订货功能、结算功能和物流配送功能。

①订货功能。订货功能是通过订货系统来完成的，订货系统为消费者提供产品信息，同时方便厂家获得消费者的需求信息以达到供求平衡。

②结算功能。消费者在购买产品后，可以用多种方式方便地进行付款。目前流行的结算方式有信用卡付款、网上划款等。

③物流配送功能。一般来说，产品可分为两类，一类是能够在网上直接传输的无形产品，主要包括电子书报、服务、音乐、软件、视频等，它们的配送系统逐步与网络系统重合，并最终被网络系统取代，如一些软件可以直接从网上购买和下载使用；另一类则是不能在网上直接传输的实体产品，这类产品的转移涉及运输和仓储问题，国外通常具有良好的专业配送服务体系，能够对有形产品的转移提供低成本、适时、适量的服务，这是网上商店发展较为迅速的一个重要原因。

（2）网络营销渠道的类型。在传统营销渠道中，中间商是其重要组成部分。中间商之所以在营销渠道中占有重要地位，是因为利用中间商能够在广泛提供产品和进入目标市场方面发挥最高效率。营销中间商凭借其业务往来关系、经验、专业化和规模经营，提供给公司的利润通常高于自营商店所能获取的利润。互联网的发展和商业应用使得传统营销中间商凭借地缘原因获取的优势被互联网的虚拟性取代，同时，互联网高效率的信息交换改变着过去传统营销渠道的诸多环节，将错综复杂的关系简化为单一关系。互联网的发展改变了营销渠道的结构。

网络营销渠道可以分为两大类：一类是通过互联网实现的从生产者到消费（使用）者的网络直接营销渠道（简称"网上直销"），这时，传统中间商的职能发生了改变，由过去的环节的中间力量变成为直销渠道提供服务的中介机构，如提供货物运输配送服务的专业配送公司、提供货款网上结算服务的网上银行等。网上直销渠道的建立，使生产者和最终消费者直接连接和沟通。

另一类是融入互联网技术后的中间商机构提供的网络间接营销渠道。由于融合了互联网技术，传统中间商大大提高了其交易效率、专门化程度和规模经济效益。同时，新兴的中间商也对传统中间商产生了冲击，如美国零售业巨头 Wal-Mart 为抵抗互联网对其零售市场的侵蚀，于 2000 年 1 月开始在互联网上开设网上商店。基于互联网的新型网络间接营销渠道与传统间接分销渠道有着很大不同，传统间接分销渠道可能有多个中间环节，如一级批发商、二级批发商、零售商，而网络间接营销渠道只需要一个中间环节。

（3）网络营销渠道的建设。由于网上销售的对象不同，其渠道也有很大区别。一般来说，网上销售主要有两种方式，一种是B2B，既企业对企业的模式，这种模式每次的交易量很大、交易次数较少，并且购买方比较集中，因此，网上销售渠道建设的关键是订货系统，要方便购买企业进行选择。由于企业一般信用较好，通过网上结算实现付款比较简单，同时，由于量大、次数少，配送时可以进行专门运送，既可以保证速度也可以保证质量，减少中间环节造成的损失。第二种方式是B2C，即企业对消费者模式，这种模式每次交易量小、交易次数多，而且购买者非常分散，因此，网上渠道建设的关键是结算系统和配送系统，这也是目前网上购物必须面对的门槛。由于国内的消费者信用机制还没有建立起来，加之缺少专业配送系统，因此，开展网上购物活动时，特别是面对大众购物时必须解决好这两个环节才有可能获得成功。

在选择网络销售渠道时，还要注意产品的特性，有些产品易于数字化，可以直接通过互联网传输，而大多数有形产品还必须依靠传统配送渠道来实现货物的空间移动。对于部分产品依赖的渠道，可以通过对互联网进行改造以最大限度地提高渠道效率，减少渠道运营中由于人为失误和时间耽误造成的损失。

在具体建设网络营销渠道时，还要考虑到下面几个方面：

首先，从消费者角度设计渠道。只有采用让消费者放心、容易接受的方式才有可能吸引消费者进行网上购物，克服网上购物"虚"的感觉。如目前采用货到付款的方式比较让人认可。

其次，在设计订货系统时要简单明了，不要让消费者填写太多信息，而应该采用现在流行的"购物车"方式模拟超市，让消费者一边看物品比较选择，一边进行选购。在购物结束后，一次性进行结算。另外，订货系统还应该提供商品搜索和分类查找功能，以便消费者在最短时间内找到需要的商品，同时为消费者提供其想了解的商品信息，如性能、外形、品牌等。

再次，在选择结算方式时，应考虑到目前实际发展的状况，尽量提供多种方式方便消费者选择，同时还要考虑网上结算的安全性，对于不安全的直接结算方式，应换成间接的安全方式，避免风险。

最后，关键是建立完善的配送系统。消费者只有看到购买的商品到家后，才真正感到踏实，因此，建设快速有效的配送服务系统是非常重要的。现阶段，我国配送体系还不够成熟，在进行网上销售时，要考虑该产品是否适合目前的配送体系，如农产品中的生鲜产品需要完善的冷链配送系统。

2. 网上直销

网上直销是指生产商自己在网上直接面向终端客户进行商品销售，而不经过中间商这一环节，客户自己在网上进行订购、下单。首先，在信息交互上，网上直销的信息沟通是双向的、直接的，可以增强生产者和消费者之间的联系。其次，网上营销渠道服务更为直接到位。最后，网上直销可以直接降低销售成本。通过网上直销，生产者可以根据顾客的订单按需生产，实现零库存管理。

在传统销售过程中，企业产品研发成功后，需要销售人员的上门推销和大量的广告投入才能逐步打开市场。而开展网上直销时，在新产品面世后，生产者通过一定的网络推广，可以在更短的时间内将信息送达目标客户。此外，如果企业是通过独立站点的方式进行网上直销的，还可以在站点上提供相应的售后服务和技术支持，以及远程的培训服务，这不仅方便了顾客，同时也以最小的成本实现了最大收益。

3. 网络市场的中间商

（1）中间商的功能。

①提高销售活动的效率。如今是跨国公司和全球经济迅速发展的时代，如果没有中间商，商品由生产制造厂家直接销售给消费者，工作将非常复杂，而且工作量特别大。对消费者来说，没有中间商也会使购买的时间大大增加。中间商可以同时销售很多厂家的商品，消费者在一个中间商那里就能进行比较，可以节约大量时间。

②储存和分销产品。中间商从不同的生产厂家购买产品，再将产品分销到消费者手中，在这个过程中，中间商要储存、保护和运输产品。

③监督检查产品。中间商在订购商品时就考察了厂家在产品方面的设计、工艺、生产、服务等质量保证体系，或者根据生产厂家的信誉、产品的名牌效应来选择产品；进货时，将按有关标准严格检查产品；销售产品时，一般会将产品划出等级。这一系列的工作起到了监督检查产品的作用。

④传递信息。中间商在从生产厂家购买产品和向消费者销售产品中，将向厂家介绍消费者的需求、市场信息、同类产品各厂家的情况，也会向消费者介绍各厂家的特点。无形中传递了信息，促进

了竞争，有利于产品质量的提高。

（2）网络市场中间商的类型。随着电子商务的日益盛行，在互联网上出现了越来越多的新型网络中间商。这些中间商是在网络市场中为用户提供信息服务中介功能的，因此，一些学者就把这些新型中间商称为网络中间商或电子中间商。在互联网上出现的新型网络中间商主要有以下十种类型：

①目录服务商。目录服务商对互联网上的网站进行分类和整理并形成目录，使用户能够方便地找到所需要的网站。目录服务包括三种形式：一种是综合性目录服务，如新浪等门户网站，为用户提供了各种各样的不同站点的综合性搜索，这类站点通常也会提供对索引进行关键词搜索的功能；第二种是商业性目录服务（如互联网商店目录），仅仅提供对现有的各种商业性网站的索引，而不从事建设和开发网站的服务，类似于实际生活中的出版厂商和公司目录等出版商；第三种是专业性目录服务，即针对某一专业领域或主题建立的网站，通常是由该领域中的公司或专业人士提供内容，包括为用户提供对某一品牌商品的技术评价信息、同类商品的性能比较等，对商业交易具有极强的支持作用。

②搜索引擎服务商。为用户提供关键词搜索，用户可以通过搜索引擎对互联网进行实时搜索。

③虚拟商场。虚拟商场是指包含与两个站点进行链接的网站。虚拟商场与目录服务商的区别在于虚拟商场为需要加入的厂商或零售商提供建设和开发网站的服务，并收取相应费用，如租用服务器的租金、销售收入的提成等。

④互联网内容提供商。互联网内容提供商即在互联网上向用户提供所需信息的服务提供商。这类站点提供了访问者感兴趣的大量信息，目前互联网上的大部分网站都属于这种类型。现在大多数互联网内容提供商的信息服务对网络浏览者是免费，其预期的收益主要来源于在互联网上免费提供信息内容以促进传统信息媒介的销售，降低信息传播的成本，从而提高利润率，为其他网络商家提供广告空间，并收取一定的广告费用。

⑤网络零售商。和传统零售商一样，网络零售商购进各种各样的商品，然后再把这些商品直接销售给最终消费者，从中赚钱差价。网上开店费用低，固定的成本也就低于同等规模的传统零售商店，另外，网上零售商店的每笔业务都是计算机自动生成的，大大节约了人力，而且不受时间、地域以及自然地影响，所以，现如今在网上开店的个人越来越多。

⑥虚拟评估机构。互联网是一个虚拟世界，其本身的性质是开放的、可共享的，因此，保障机制是很重要的。虚拟评估机构就是根据预先制定的标准体系对网上商家进行评估的第三方评级机构，通过为消费者提供网上商家的等级信息和消费评测报告，降低消费者网上购物的风险，对网络市场中商家的经营起到了间接地监督作用。

⑦网络统计机构。网络统计机构即为用户提供互联网统计数据的机构，例如我国的中国互联网络信息中心（CNNIC）。

⑧网络金融机构。网络金融机构即为网络交易提供专业性金融服务的金融机构。现在国内外有许多只经营网络金融业务的网络银行，大部分传统银行开设了网上业务，特别是近年来还出现了不少第三方网络支付企业，专门代理网络交易的支付业务，为网络交易提供了专业性服务。

⑨虚拟集市。虚拟集市为那些想进行物品交换的人提供了一个虚拟的交易场所，任何人都可以将想要出售商品的相关信息发布到虚拟集市网站上，也可以在站点中任意选择和购买。虚拟集市的经营者对达成的每一笔交易都要收取一定的管理费，网上拍卖站点是一种比较具有代表性的虚拟集市。

⑩智能代理。智能代理就是利用专门设计的软件程序（智能代理软件或程序），根据消费者的偏好和要求预先为消费者自动进行所需信息搜索和过滤服务的提供者。在搜索的同时，智能代理还可以根据用户自己的喜好和别人的搜索经验自动学习，优化搜索标准。那些专门为消费者提供购物比较服务的智能代理又称比较购物代理、比较购物引擎、购物机器人等。

二、网络促销

1. 网络促销的形式

传统营销的促销形式主要有四种：广告、销售促进、宣传推广和人员推销。网络营销是在网上市场开展的促销活动，相应的形式也有四种，分别是网络广告、站点推广、销售促进和关系营销。其中网络广告和站点推广是网络营销促销的主要形式。

（1）网络广告。网络广告以一种有偿的方式发布企业的产品、服务信息，以吸引消费者购买。网络广告的类型很多，根据形式不同可以分为旗帜广告、电子邮件广告、电子杂志广告、新闻组广告、公告栏广告等。

（2）站点推广。网络营销站点推广是利用网络营销策略扩大站点的知名度，吸引网民访问网站，增加网上流量，起到宣传和推广企业及企业产品的效果。站点推广主要有两种方法：一种是通过改进网站的内容和服务，吸引用户访问，起到推广效果；另一种通过网络广告宣传推广站点。前一种方法费用较低，而且容易稳定顾客访问，但推广速度比较慢；后一种方法可以在短时间内扩大站点的知名度，但消费较高。

（3）销售促进。销售促进是企业利用可以直接销售的网络营销站点，采用一些销售促进方法，如价格折扣、有奖销售、拍卖销售等方式，宣传和推广产品。

（4）关系销售。关系销售是通过借助互联网的交互功能吸引用户与企业保持密切关系，培养顾客忠诚度，提高顾客的收益率。

2. 网络促销的作用

网络促销的作用主要表现在以下几个方面：

（1）告知功能。网络促销能够把企业的产品、服务、价格等信息传递给目标公众，引起他们的注意。

（2）说服功能。网络促销的目的在于通过各种有效的方式，解除目标公众对产品或服务的疑虑，说服目标公众坚定购买决心。例如，在同类产品中，许多产品往往只有细微差别，用户难以察觉。企业通过网络促销活动，宣传自己产品的特点，使用户认识到本企业的产品可能给他们带来的特殊效用和利益，进而乐于购买本企业的产品。

（3）反馈功能。网络促销能够通过电子邮件及时收集和汇总顾客的需求和意见，迅速反馈给企业管理层。由于网络促销所获得的信息基本上都是文字资料，信息准确，可靠性强，对企业的经营决策具有较大的参考价值。

（4）创造需求。运作良好的网络促销活动不仅可以诱导需求，而且可以创造需求，发掘潜在顾客，扩大销售量。

（5）稳定销售。由于某种原因，一个企业的产品销售量可能时高时低，波动很大，这是产品市场地位不稳的反映。企业通过适当的网络促销活动，树立良好的产品形象和企业形象，往往有可能改变用户对本企业产品的认识，使更多用户形成对本企业产品的偏爱，达到稳定销售的目的。

3. 网络促销的策略

由于互联网的高速发展，网上贸易已经呈现出一种不可阻挡的趋势，建立在网络上的虚拟市场以一种全新的信息沟通与产品销售渠道使传统的有形市场发生了根本性变革。在电子商务时代，做好网上促销活动依然是网络营销获得成功的重要手段之一。网上促销是网络营销的常用手段，根据促销对象的不同可分为消费者促销、中间商促销和零售商促销等。所谓促销是指企业利用多种方式和手段来支持市场营销的各种活动，而网上促销是指利用互联网等电子手段来组织促销活动，以辅助和促进消费者对商品或服务的购买和使用。网络营销常见的促销策略有以下几种：

（1）网上折价促销。折价亦称打折、折扣，是目前网上最常见的一种促销方式。登录淘宝、京东等购物网站，处处可见打折活动，这一促销活动在线下市场中也频繁出现。折价券是直接价格打折的一种变化形式，有些商品因在网上直接销售有一定的困难，便结合传统营销方式，可从网上下载、打印折价券或直接填写优惠表

200

单，到指定地点购买商品时可享受一定优惠。

（2）网上变相折价促销。变相折价促销是指在不提高或稍微增加价格的前提下，提高产品或服务的品质数量，较大幅度地增加产品或服务的附加值，让消费者感到物有所值。网上直接价格折扣容易使消费者对品质有所怀疑，而利用增加商品附加值的促销方法更容易获得消费者的信任。

（3）网上抽奖促销。抽奖促销是网上应用较广泛的促销形式之一，是大部分网站乐意采用的促销方式。抽奖促销是以一个人或数人获得超出参加活动成本的奖品为手段进行商品或服务的促销。网上抽奖活动主要附加于调查、产品销售、扩大用户群、庆典、推广某项活动等，消费者或访问者通过填写问卷、注册、购买产品或参加网上活动等方式获得抽奖机会。

（4）网上赠品促销。赠品促销目前在网上的应用不算太多，一般情况下，在新产品推出试用、产品更新、对抗竞争品牌、开辟新市场的情况下，利用赠品促销可以达到比较好的促销效果。

（5）积分促销。积分促销是消费者通过多次购买或多次参加某项活动来增加积分以获得奖品。积分促销可以增加上网者访问网站和参加某项活动的次数，增强上网者对网站的忠诚度，提高活动的知名度等。

（6）节假日促销。每逢过节，各大购物网站纷纷以购物大回馈、疯狂打折等方式吸引网民进行网上购物，再加上正处于节假日，人们心情愉悦，网上购物的成功率很高。目前，这种促销方式越来越受到商家的重视。

（7）网上联合促销。由不同商家联合进行的促销活动称为联合促销，联合促销的产品或服务可以起到一定的优势互补、互相提升自身价值等效应，如果应用得当，联合促销可起到相当好的促销效果。如网络公司可以和传统商家联合，以提供在网络上无法实现的服务。

以上七种方式在网上促销活动中比较常见又较为重要，要想使促销活动达到良好的效果，必须事先进行市场分析、竞争对手分析以及活动在网络上实施的可行性分析，与整体营销计划结合，创意地组织和实施促销活动，使促销活动新奇，富有销售力和影响力。

三、客户关系管理

客户关系管理是一种将重点放在建立长久、稳定的关系，并为企业和顾客双方增加价值的客户服务方法，是一项选择和管理客户以优化长期价值的企业战略。

1. 目标顾客确定

（1）确定方式。

①了解现有客户与潜在客户。尽可能地将产品或服务营销给最可能改变行为的客户。在互联网环境下，可以通过网站、电子邮件与会员卡界定目标客户群。

②找出最能让企业赚钱的客户。在分析企业的获利能力时，不仅要关心每个客户划分所带来的收益，而且应考虑客户的服务成本，以及客户的终身价值。

（2）分析与客户紧密相关的群体。

①了解谁是购买决策的影响者。客户不一定就是下订单或付款者，真正的客户往往是位居幕后、影响采购决策的人。一家三口去购买汽车，孩子可能是选择者，妻子是决策者，而丈夫可能是下订单或付款者，当然车主可能是丈夫，但关键决策不是丈夫完成的。

②了解谁是推荐者。满意的客户往往是网站最好的推荐员，应设法激励老客户推荐新客户，并持续追踪推荐的成果。

③理清客户、合作伙伴以及其他重要人员的关系。企业能够顺利发展，除客户以外，还有赖于许多人的协助。因此，必须能清楚地分辨最终客户、合作伙伴，以及其他重要关系人之间的差别。合作伙伴（或许是商业伙伴）是代表本企业直接与最终客户接触的人，重要关系人则包括员工、股东、银行等关心企业经营的人士。企业必须优先考虑客户的立场，以客户为中心不仅有助于建立与客户的关系，同时也有利于改善所有合作伙伴、其他重要关系人与客

户相关的流程。

2. 顾客忠诚度

忠诚度是顾客愿意再次接受企业服务的程度。企业应自始至终保障客户拥有美好的消费经验，以建立顾客的忠诚度。

（1）购买前。卖家应和潜在顾客互为信任并坦诚相待。当顾客知道卖家随时等着为他们服务，就没理由不信任卖家而拒绝接受这种支持。因此，卖家必须创造信任的环境并确保买卖双方都站在同一战线上，清楚最终目标是为顾客满足其需求提供支持。

（2）购买中。卖家应引导顾客找出他们真正需要的信息，以供他们做出尽可能好的决定。卖家必须服务于顾客，而不是让顾客买下产品。

（3）购买后。卖家应全程跟进发货后的进度，直至顾客满意地收到商品为止。发货后的产品在物流中很可能会受到影响，因此，卖家也应随时关注物流信息。

案例 6-1

赵薇的梦陇酒庄

赵薇的梦陇酒庄旗舰店虽然在 2015 年 10 月 9 日才开始试运营上线，但却在"双十一"中售出了近 13 万瓶红酒，实现了近 2 000 万元的交易额，超额完成了"几乎不可能"的任务指标，实现了酒庄生意的"开门红"。

通过市场分析调研发现，葡萄酒的热销价位在 99 元以下，而梦陇酒庄的产品定位是中高端红酒，单支售价 138～1 800 元。产品的品质决定了它在市场上中高端价位，因为其产品定位与市场的普遍需求不相匹配，导致其在开业期间转化率极低，连千分之一都不到。为此，运营团队与品牌商一起，制定了"先解决转化率、再解决流量"的运营方案。

要解决转化率，首先需要还原品牌故事，让消费者认知产品背后的品牌。为此，运营商通过店铺及产品信息的优化，还原了梦陇酒庄的三大品牌价值。邀请了世界级酿酒大师和土壤大师，花 5 年时间陈酿，用心造好酒，附以红酒更多的价值；原材料坚持人工采摘和挑选，在橡木桶中陈酿的时间比同类葡萄酒更长，将梦陇葡萄酒的产品价值以及附加值告诉消费者。

通过对品牌价值的包装与还原，运营团队不断优化宝贝详情页，转化率也开始逐步增长。从开店时千分之一达到了7％以上。

在营销传播上，通过赵薇、Chateau Monlot、赵薇工作室等微博账号进行宣传，并组织赵薇团队专门赶赴法国拍摄宣传视频。同时，还通过天猫"双十一"晚会、媒体采访、赵庄主发红包等方式加大引流力度。通过与品牌商紧密的配合，杭州戈洛博电子商务有限公司帮助梦陇酒庄完成了一系列看似"不可能的任务"，"双十一"及"双十二"期间都超额完成了目标。

复习思考题：

1. 在店铺推广时，选择关键词的思路有哪些？
2. 适合农产品的推广方式有哪些？
3. 简述网上商店的优势和缺陷。
4. 网上与顾客沟通的原则是什么？

模块七 农村电子商务物流

[引例]

安华：网络牵引城乡联合 农村电商蓬勃发展

安华县打造农产品网上销售平台，依靠专业技术团队和互联网的大肆扩张，实现农产品直接网上销售。

为了实现农产品网上订单直接到户，安华县在广通美嘉广场建设了 900 米^2 的县级电子商务公共服务中心。在维家特使产业园建设了 2 260 米^2 的仓储物流集散地和电子商务培训基地，同时建设了农产品加工包装基地。服务保质电子商务公司通过建立农产品网络营销平台和打造"印象安华"农产品品牌，开展农村电商业务，现已注册品牌 15 个，涉及蔬菜、食用油、米、面、坚果、牛羊肉等 40 余个品种。安华县还积极打造安华电商快递物流配送中心，通过引导物流、配送、电子商务企业合作发展，开展"买送合作"，实现资源共享、利益分享，保证服务质量。目前，安华电商快递物流配送中心已完成场地改造建设，已有中国邮政集团公司安华分公司、中通快递、申通快递、圆通快递、韵达快递 5 家企业加盟，形成了集物流仓储、分报和配送为一体的综合性快递物流配送中心，实现输出快件 100% 当地安检，并通过整合优化 13 条邮路，基本形成了覆盖村、乡、县三级配送服务体系。在此基础上，安华县积极开展地域合作，通过苏宁易购销售有限公司、马原宏达农业服务有限公司等网销平台企业的入驻，实现了电商企业化、统一化、规范化管理。

目前，安华县中小网商快速成长。银通化立电子商务公司与东莞发和睦电子商务公司合作，在其旗下世家土特商城开设了安华农品特色馆；信阳浮日照电子商务有限公司在开封开设了安华特色馆，主营安华特色产品——蜂蜜、枸杞、红枣等一系列产品，年销售额 200 万元左右。通过开展电商地域合作，安华县电商创业企业由 10 个增长到 180 个，新增电子商务就业人员 600 人以上。目前，全县建成村级社区电子商务服务站 65 个，基本形成覆盖全县乡村的站点物流配送和网络体系，覆盖率达到 80% 以上。

随着"互联网＋"的兴起和国家政策的扶持，新兴行业、传统行业纷纷涌入。对于传统行业的农业来说，庞大的群体给发展带来了强大的信心，农资电商日益兴起，更多电商平台也涉足农资行业。

物流问题是农资电商发展道路上首先需要解决的问题。因农村交通不便，加上鲜活农产品的易腐蚀性，物流运输应当作为重点建设。对于大多数工业品而言，价格促销等营销手段的层出不穷会给消费者提供很多选择，商家可以通过各个方面的差异化营销来提高利润，但是，对于利润本就不高、差异化不那么明显的农产品来说，若要实现网络营销的成功创业，一个完善达标的物流配送体系是能够及时保质地满足客户需求的基础前提。

任务一 包 装

农产品包装是对即将进入或已经进入流通领域的农产品或农产品加工品采用一定的容器或材料加以保护和装饰。农产品包装是农产品商品流通的重要条件。在流通过程中，粮食、肉类、蛋类、水果、茶叶、蜂蜜等农产品不加包装无法运输、贮存、保管和销售，也就无法送达消费者手中，同进，也不便于包装机械的运用，无法实现农产品包装的工厂化、自动化。因此，现代市场营销要求，每个包装单位的大小、轻重、材料、方式等应按照目标顾客需求、包装原则、包装技术的要求进行，以保护农产品，减少损耗，便于运输，节省劳力，提高仓容，保持农产品卫生，便于消费者识别和选购，同时美化商品，扩大销售，提高农产品的市场营销效率。

一、农产品包装策略

产品包装是整体产品的一个重要组成部分，绝大多数产品都要经过包装后生产过程才算完成。在现代市场营销中，对商品包装的要求越来越高，早已不再拘泥于过去的那种保护商品、方便携带的功能。心理学研究表明：在人类接受的信息总和中，由味觉器官获得的占 1%、触觉占 1.5%、嗅觉占 3.5%、听觉占 11%、视觉占 83%，因此，通过包装设计激发顾客的购买欲望，提高农产品市场竞争力，是农产品营销者必须高度重视的问题。

包装设计的一项重要任务就是更好地满足消费者的生理与心理需要，通过更人性化的包装设计让人们的生活更舒适、更富有色彩。在农产品的包装上，选择不同的包装策略将得到不同的包装效果。

1. 突出农产品形象的包装策略

突出农产品形象是指在包装上通过多种表现方式突出该农产品是什么、有什么功能、内部成分、结构如何等形象要素。这一策略着重于展示农产品的直观形象。随着购买过程中自主选择空间的不断增大，新产品不断涌现，厂商很难将所有产品的全部信息都详细地介绍给消费者，这种包装策略通过在包装上再现产品品质、功能、色彩、美感等，有助于商品充分地传达自身信息，给选购者直观的印象，真实可信，以产品本身的魅力吸引消费者，缩短其选择的过程。

2. 突出农产品用途和使用方法的包装策略

突出农产品用途和用法是通过包装的文字、图形及其组合告诉消费者该农产品是什么样的产品、有什么特别之处、在哪种场合使用、如何使用最佳、使用后的效果是什么。这种包装给人们简明易懂的启示，让人一看就懂、一用就会，并有知识性和趣味性，比较受消费者欢迎。

3. 展示企业整体形象的包装策略

企业形象对产品营销具有十分重要的作用，因此，很多企业从产品经营之初就注重企业形象的展示与美誉度的积淀。有的企业深挖企业文化，并能与开发的农产品有机地融合起来进行宣传，既达到了展示企业文化、介绍产品、给消费者留下深刻印象的目的，又有利于促销。

4. 突出农产品特殊要素的包装策略

任何一种农产品都有一定的特殊背景，如历史、地理背景，人文习俗背景，神话传说或自然景观背景等，包装设计中恰如其分地运用这些特殊要素能有效地区别同类产品，同时使消费者将产品与背景进行有效链接，迅速建立概念。这种包装策略运作得好，会给人以联想，有利于增强人们购买欲望，扩大销路。

二、农产品包装的问题与建议

产品包装上的商标、产品名称、产地、各种认证标志、生产企业名称、供货商名称，以及美化（或说明）产品功能的图形、文字等，都是产品装潢上的必备内容，也是产品外在形象的重要组成部分，而产品的商标（包括商标的名称、文字、图形、色彩）则是构成产品形象的主要成分。

但从市场实际来看，和其他产品一样，农副产品的包装、装潢同样存在一系列问题，对此，给出如下建议：

1. 克服"重装潢、轻商标"的倾向

商标是包装装潢中的主角，在产品包装、装潢上，应当突出商标的名称和图形，商标名称与产品名称应紧密结合起来，防止商标与产品名称脱离。另外，在产品装潢上应当突出商标和企业的司徽，而不宜突出介绍、美化产品的图形和文字。

例如，在进行罐头等包装食品的装潢时，可以将介绍商品的内容与商标放在同一视野里，设计成"8"字形或"葫芦"形，在"8"字或"葫芦"的上半部分印制商标的图形、文字等，下半部印

制商品的形象．就像给罐头开一个"天窗"，使消费者一眼就能看清罐头的内容物。在葫芦或"8"字的下方或上方印上产品名称：某牌某产品。如果是图形商标，这样的做法尤其重要。

2. 注意产品形象的大体统一

有的企业经营产品多、产业链长，而且在产品上使用的商标多。在这种情况下，使用同一商标不同品种的装潢形象，包括商标放置的位置、大小比例、色泽、风格等应当相同或相似。

例如，同一牌子不同品种类的罐头，按其内容物或性质的不同，装潢的色泽可略有不同。这里所谓的"类"是指肉类、禽类、鱼类、果菜类等，起码可以分成荤、素两大类，分别以蓝、浅蓝、深蓝等，使其有细微的区别，但色泽的差别不能太大（主色调基本一致），以保持这个牌子商品装潢风格和形象的相对一致性，产生"群体效应"。

3. 应当刻意突出产品商标

任何时候、任何场合都应当在包装装潢上突出产品的商标，特别是要突出可以呼叫部分的商标名称。对于包装较小的产品，更应当注意突出商标的位置，增加商标在包装主要展示面上的比例。

例如，在一个有效展示面积为 400 厘米^2 以下的产品上，商标所占的面积应当不低于 10％，并要占据"主角"地位。

三、农产品包装的相关规定

1. 农产品包装和标识管理规定

《中华人民共和国农产品质量安全法》第 28 条规定：农产品生产企业、农民专业合作经济组织以及从事农产品收购的单位或者个人销售的农产品，按照规定应当包装或者附加标识的，须经包装或者附加标识后方可销售。包装物或者标识上应当按照规定标明产品的品名、产地、生产者、生产日期、保质期、产品质量等级等内容；使用添加剂的，还应当按照规定标明添加剂的名称。具体办法由国务院农业行政主管部门制定。

（1）农产品生产企业、农民专业合作经济组织以及从事农产品收购的单位或者个人，应当依法履行包装或者标识义务。对一家一户、农民自产自销的农产品，没有提出包装和标识要求。

（2）按照农业部规定需包装或者附加标识的农产品，只有经过包装或者附加标识后才可以上市销售；未经包装或者未附加标识的，不允许上市销售。

（3）销售的产品在包装物或者标识上必须标注品名、产地、生产者、生产日期、保质期、产品质量等级等内容。

（4）农产品在包装、保鲜、贮藏、运输过程中使用过添加剂的，必须标明使用过的添加剂名称。

（5）农产品包装和标识十分复杂，推行农产品包装上市和标识标注是一个分类管理、循序渐进的过程，故本法对包装或者附加标识的行为主体和产品对象只做了一些原则性的规定。具体的包装和标识范围、对象和实施步骤，本法授权国务院农业行政主管部门另行制定办法进行规定。

2. 农产品包装、保鲜、贮存、运输过程使用相关材料要求

《中华人民共和国农产品质量安全法》第29条规定：农产品在包装、保鲜、贮存、运输中所使用的保鲜剂、防腐剂、添加剂等材料，应当符合国家有关强制性的技术规范。保鲜剂，是指保持农产品新鲜品质，减少流通损失，延长贮存时间的人工合成化学物质或者天然物质。防腐剂，是指防止农产品腐烂变质的人工合成化学物质或者天然物质。添加剂，是指为改善农产品品质和色、香、味以及加工性能加入的人工合成化学物质或者天然物质。

（1）明确了保鲜剂、防腐剂、添加剂等材料使用环节要求，即在农产品包装、保鲜、贮存、运输中使用的相应材料必须符合国家有关规定。

（2）界定了农产品包装、保鲜、贮存、运输中允许使用的相应材料种类，主要是保鲜剂、防腐剂、添加剂等材料。

（3）提出了农产品包装、保鲜、贮存、运输中使用的相应材料必须符合国家有关部门颁布的安全、卫生、环保等方面的强制性要求。

案例7-1

包装成为绿色营销的手段之一

营销工具之一是利用产品包装。合顺公司通过减小包装的尺寸来实现绿色营销，将其糖浆产品全部提高浓度，缩小包装，新包装只有原先尺寸的一半大小。公司在网站的宣传报道中提到"该项目被宣传为一个环境的突破，因为它减少了36％的用水和24％的包装。"其所面对的挑战是如何说服消费者小包装更浓缩而不是偷工减料。

销售小瓶的浓缩产品是一种营销新趋势，合顺公司正是顺应了这一趋势。"新浓缩产品减少了运输，减少了包装，减少了生产用水等一系列成本，更方便消费者，这是提高共同利益。"其宣传材料介绍。

任务二　仓　　储

一、农产品仓储的相关概念

1. 农产品仓储

仓储就是运用仓库寄存、贮存放暂未使用的物品的行为，是物品在供需之间转移中存在的一种暂时的滞留。农产品仓储指农产品离开生产过程，尚未进入流通领域之前，在流通过程中的停留。由于农产品有产地集中、季节性强以及易腐烂等特点，在农产品流通的各个环节都要进行程度不同的农产品仓储，仓储的时间不同、要求不同：可以在产地仓储，也可以在销地仓储；可以是现代化的仓储条件，也可以是传统的仓储设施。

2. 农产品库存

库存是指仓库中处于暂时停滞状态的物资农产品库存的位置，不是在生产基地里，也不是在加工车间里，更不是在非仓库中的任何位置，而是在仓库中。与其他大宗商品一样，大宗农产品库存的高低会对其现货价格和期货价格产生影响。一般情况下，农产品库存低，农产品的价格较高；农产品库存高，农产品的价格较低。

3. 农产品储备

储备是一种有目的的储存物资的行动，也是这种有目的的行动和其对象总体的称谓。农产品储备是出于政治、军事的需要或为了防止各类自然灾害，对农产品进行的有计划的战略性仓储。储备和库存的本质区别在于：①库存明确了停滞的位置，而储备这种停滞所处的地理位置远比库存广泛得多，可能在生产及流通的任何节点上，可能是在仓库中的储备，也可能是其他形式的储备；②储备是有目的的、能动的、主动的行动，而库存有可能不是有目的的，而是完全盲目的。

4. 农产品贮存

物流中的"贮存"是一个非常广泛的概念，农产品贮存包含了库存和储备在内的广义的贮存概念，农产品的贮存活动是为了保留存货与保存产品，其与运输活动一样，是农产品物流基本价值活动中的重要活动，主要通过改变农产品的时间来创造价值。

二、农产品仓储的性质和作用

虽然农产品仓储活动一般不改变农产品本身的功能、性质和使用价值，只是保持和延续其使用价值，但却是农业生产的延续，是农业再生产不可缺少的环节。农产品仓储和农业生产一样创造社会价值，农产品由生产地向消费地转移，是依靠仓储活动来实现的。农产品仓储的性质体现在农产品仓储是社会再生产过程中不可缺少的一环，农产品仓储在物流活动中发挥着不可替代的作用，是农产品物流的三大支柱之一，其主要作用体现在：

1. 空间效用

农产品生产与消费的矛盾主要表现在生产与消费地理上的分

离。农产品的生产主要在农村区域，而消费农产品的人则遍及整体市场。农产品仓储通过选择靠近人们生活区的位置建立仓库，防止人们购买农产品时出现短缺现象，拉近农产品产地与市场的距离，为人们提供满意的仓储服务，体现出明显的空间效应。

2. 时间效用

由于自然条件、作物生长规律等因素的制约，农产品的生产往往具有季节性，而作为人们生活的必需品，人们的需求却是长年的、持续的。为使农产品满足消费者的需求，农产品生产经营者利用仓库贮存农产品进行调节，以确保在农产品生产的淡季也能满足人们的日常需求，创造了明显的时间效应。许多产品在进入最终卖场以前，要进行挑选、整理、分装、组配等工作，这也需要农产品仓储来实现农产品在流通中的停留。

3. 调节供需矛盾

生产与消费的矛盾还表现在品种与数量方面。随着社会分工的进一步发展，专业化生产越来越广，人们都把自己的资源集中到生产效率最高的项目上，人们生产的产品品种越来越集中，农产品生产者必须把农产品放到市场上进行交换来满足自己其他方面的需求，这就要求通过农产品仓储来调解生产与消费方式上的差别，解决供需矛盾。

4. 规避市场风险

市场经济条件下的农产品价格变化莫测，经常给农产品生产经营者带来价格风险。为了对市场需求做出有效反应，农产品生产经营者需保持一定的存货来避免缺货损失。另外，为了避免战争、灾荒等意外引起的农产品匮乏，国家也要储备一些生活物资、救灾物资及设备，而大宗农产品的中远期交易市场正是提供给广大生产者、贸易商和原材料需求商规避库存带来的价格风险的场所。

5. 实现农产品增值

农产品仓储活动是农产品在社会再生产过程中必然出现的一种状态，农产品仓储是加快资金周转、节约流通费用、降低物流成本、提高经济效益的有效途径。搞好农产品仓储可以减少农产品在仓储过程中的农产品损耗和劳动消耗，加速农产品的流通和资金周转，从而节省费用、降低物流成本、开拓"第三利润源"，提高物流的社会效益和企业的经济效益。

6. 流通配送加工的功能

农产品仓库从贮存、保管货物的中心向流通、销售的中心转变。仓库不仅要有贮存、保管货物的设备，而且还要增加分拣、配套、捆装、流通加工、信息处理等设施。这样，既扩大了仓库的经营范围，提高了物资的综合利用率，又方便了消费，提高了服务质量。

7. 信息传递功能（适用于现代化仓储管理）

以上功能的改变对仓库提出了信息传递的要求。在处理仓储活动有关的各项事务时，需要依靠计算机和互联网，通过电子数据交换和条形码等技术来提高仓储物品信息的传递速度，及时而又准确地了解仓储信息，如仓库利用水平、进出库的频率、仓库的运输情况、顾客的需求以及仓库人员的配置等。

三、农产品仓储的主要特点

1. 农产品仓储具有专业性

农产品所具有的生化品质特性要求农产品生产、流通加工、包装方式、储运条件和技术手段具有专业性，同时，农产品物流的设施、设备和仓储、运输技术和管理方法也具有专业性。

2. 农产品仓储具有特殊性

农产品是具有生命的动物性和植物性产品，在物流过程中，这样的鲜活产品对包装、装卸、运输、仓储和防疫等均有特殊的要求。

3. 农产品仓储难度大

农产品生产具有季节性和区域性，因此要求物流的及时性。同时要求一些农产品具有较好的贮藏特性和较长的贮运期，以利扩大农产品市场的供应时间和空间，反映出农产品物流具有难度相对较大、要求相对较高的特点。

四、几种农产品的仓储方法

1. 小麦的仓储

（1）高温密闭储藏法。小麦耐高温性强，故利用高温仓储小麦是一种有效方法。

（2）低温密闭仓储法。低温密闭仓储是小麦长期安全仓储的常用方法之一。

（3）缺氧仓储法。缺氧仓储法是用塑料薄膜或其他封闭容器将小麦与空气隔绝，利用自身呼吸作用达到气调的方法。

（4）化学防虫仓储法。适用于长期储藏，通过加入化学防虫剂，可有效防止虫害和真菌。

2. 玉米的仓储

（1）穗贮的方法。建玉米篓子，玉米篓子有长方形和圆形两种。

（2）粒贮的方法。籽粒入仓前，采用自然通风和自然低温。

注意事项：注意控制好种子的含水量、发芽率，种子仓储效果的好坏，取决于种子的含水量。要有合理的仓储方法，创造良好的仓储环境，仓储方法是否合理直接影响仓储效果。仓储方法多以冷室仓储为宜，应把种子离地 30 厘米以上。在仓储期间应对其含水量、湿度、发芽率等进行定期检查，检查时应注意是否受潮、是否有虫蛀鼠咬、种子的发芽率和发芽势。

3. 大豆的仓储

（1）入库准备。水分含量要降低至仓储标准，净洁完好达到标准，仓储达到标准。

（2）入库管理。避免高温入库，避开阴雨潮湿天气，不宜过高堆放，禁止与化肥或农药同库。

（3）贮期管理。要适时通风、防治害虫。

五、我国目前的农产品仓储行业

1. 我国农产品仓储行业的现状

农产品物流难度大：一是包装难，二是运输难，三是仓储难。虽然我国农产品物流活动出现得比较早，但无论是在农产品物流理论研究还是在实际操作上，我国农产品物流的发展都很缓慢。我国农产品仓储行业主要分布于农产品批发市场、农产品物流园区、农产品物流中心等，尤其是农副产品批发市场，其交易额占农产品社会消费总额的 75％。2009 年以来，农产品物流园区、物流中心的蓬勃发展使我国农产品的仓储水平和管理技术方法上了一个新台阶。

2. 我国农产品仓储行业目前存在的问题

（1）我国农产品仓储整体水平较低，不论是产业链链条还是仓储设施设备，同与日俱增的市场需求之间还存在着很大差距。

（2）农产品从生产到零售，中间环节过多，仓储、加工、配送等环节对农产品价格的影响很大。

（3）由于中间流通环节过多，使农产品仓储难以形成规模效应。

3. 农产品仓储的合理化建议

（1）应加大基础设施建设，建立完善的冷链物流体系。

（2）着重培育和完善农产品仓储物流主体，提高农产品流通的组织程度。

（3）提高农产品加工水平，发展仓储业中的增值物流加工。

任务三　运输与配送

一、农产品运输

1. 合理选择农产品运输方式、运输路线和运输工具

运输方式是指交通运输的性质（海、陆、空），运输路线是指交通运输的地理途径，运输工具是指运输承载物。运输方式是运输

路线和运输工具的表现形式，运输路线和运输工具是运输方式的载体。三者是影响农产品运输的三个密切相关的因素，不能孤立存在。

合理选择农产品运输方式、运输路线和运输工具，就是在组织农产品运输时，按照农产品运输的特点、要求及合理化原则，对所采用的运输路线和运输工具，就其运输的时间、里程、环节、费用等方面进行综合对比计算，消除增大运输时间、里程、环节、费用等各种不合理的因素和现象，选择最经济、最合理的运输方式、运输路线和运输工具。

现阶段，我国交通运输的主要方式有铁路运输、公路运输、水路运输、航空运输、管道运输等，与这些运输方式相适应的运输工具是火车、汽车、轮船、飞机和管道。农产品运输除了现代化交通运输方式及其运输工具外，还大量使用民间运输工具，如拖拉机、帆船、驳船、畜力车、牲畜等。这些运输方式和运输工具各有特点，只有区别情况，因地制宜，才能合理选择。对于大宗农产品远程运输，适宜选择火车，因为火车具有运量大、运费低、运行快、安全、准确性和连续性较高等特点。对于短途农产品运输，适宜选择汽车，因为汽车运输具有装卸便利、机动灵活、可直达仓库、对自然地理条件和性质不同的农产品适应性强等特点。对于鲜活农产品，可根据鲜活性、成熟度，选择具有相应保养条件的运输快的运输工具和运输方式。大宗耐储运农产品运输适宜使用轮船，因为轮船运输运量大、运费低，但速度慢一些。对于那些特殊性急需的农产品运输，可利用飞机，飞机速度快，但由于运费太高，一般情况下不宜采用。液体农产品，可利用管道进行运输，管道运输虽然一次性投资大，但具有长期受益、综合效益高、自动化程度高、安全可靠、运输损耗少、免受污染等优点。

民间运输工具是我国农产品运输不可忽视的重要力量。民间的各种运输工具数量多、分布广、使用灵活方便，在某些情况下，是其他现代化运输工具所代替不了的。所以，在广大农村，特别是交通不便的边远地区，民间运输工具是不可缺少的，尤其适宜零星分散的小宗农产品的短途运输。

2. 采用直达、直线、直拨运输

直达运输是指将农产品从产地或供应地直接运送到消费地区、销售单位或主要用户，中间不经过其他经营环节和转换运输工具的运输方式。采用这种运输方式运送农产品能大大缩短商品待运和在途时间，减少在途损耗，节约运输费用。农产品，尤其是易腐易损农产品的运输应尽可能采用直达运输方式。有些农产品，如粮食、棉花、麻、皮、烟叶等，虽然耐储运，但由于供销关系比较固定，而且一般购销数量多、运量大、品种单一，采用直达运输方式也很适宜。在组织农产品直达运输中，应当和"四就直拨"（就地、就厂、就站、就库直接调拨）的发运形式结合起来，灵活运用，会产生更好的经济效益。

直线运输是指在农产品运输过程中，当从起运地至到达地有两条以上的运输路线时，选择里程最短、运费最少的运输路线，以避免或减少迂回、绕道等不合理运输现象。直线运输和直达运输的主要区别在于直线运输解决的主要是缩短运输里程的问题，直达运输解决的主要是减少运输中间环节问题。在实际工作中，把二者结合在一起考虑会收到双重改善的效果。所以，通常将其合称直达直线运输。

直拨运输是指调出农产品直接在产地组织分拨各地，调进农产品直接在调进地组织分拨调运。直拨运输一般适用于品种规格比较简单、挑选不大的大宗农产品运输。

3. 中转运输

中转运输通常是指农产品集散地的批发机构将农产品集中收购起来，然后再分运出去。中转运输也是组织农产品运输的一种必要方式，有许多功能，主要包括：①把分散收购的农产品集中起来，再根据市场需要转运各地，有利于农产品经营单位按计划组织调拨；②根据农产品的收购、贮存情况和市场需求的缓急程度，正确编制运输计划，提高农产品运输的计划性；③便于选择合理的运输方式、运输路线和运输工具，开展直达、直线、直拨运输，使农产品运输更加合理化。

4. 大力开展联运

联运是指运用两种以上运输工具的换装衔接，联合完成农产品从发运地到收货地的运输全过程。联运的最大特点是农产品经营部门只办理一次手续即可完成全过程的托运。现阶段我国的联运主要是水陆、水水（江、河、湖、海）、陆陆（铁路、公路）联运和航空、铁路、公路三联运。

开展农产品联运既适应我国交通运输的客观条件和运输能力，也综合了农产品产销遍布全国、点多面广的特点，只要联运衔接合理，就可缩短待运时间，加速运输过程。

组织联运是一项复杂工作，在组织农产品联运时，购销双方要和交通运输部门密切配合，加强协作，提高联运的计划性、合理性。要通过签订联运合同，落实保证联运顺利进行的措施和责任，以提高联运效果。

5. 大力发展集装箱运输

集装箱是交通运输部门根据其运输工具的特点和要求，特制的装载商品的货箱。我国铁路运输集装箱有 1～30 吨几种不同规格。选用时，要根据农产品的重量和用以装载的车型来确定，以求装满载足，减少亏吨。

集装箱运输过程机械化、自动化操作程度高，是现代高效运输形式。采用集装箱运输有利于保证商品安全，简化节约包装，节约装载、搬运费，加快运输速度，便于开展直运和联运。集装箱运输适应农产品易腐易变的特点和运输要求，应大力发展这种运输方式。

6. 提高运输工具的使用效率和装载技术

运输工具的使用效率是指实际装运重量与标记载重的比率。提高运输工具使用效率的要求是既要装足吨位，又要装满容积，这就要求必须提高装载技术。提高运输工具使用效率和装载技术可以挖掘运输工具潜力，运送更多的商品，降低运输成本，节约运费开支。提高运输工具使用效率和装载技术的主要途径有：

（1）改进包装技术。如对轻泡物资科学打包、压缩体积、统一包装规格等。

（2）大力推行科学堆码和混装、套装等技术。要根据不同农产品、不同包装和不同运输工具的情况，大力推行科学堆码和混装、套装等技术。这些技术都是当前充分利用运输工具的容积和吨位、扩大技术装载量比较切实可行的措施。

（3）改进装载方式方法。如粮食运输由袋装改为散装，不仅节约了大量包装费，也大大提高了装载量。

（4）大力组织双程运输。减少运输工具空驶，组织快装、快卸，加速运输工具周转。

7. 推广冷藏链运输

冷藏链运输是指对鲜活农产品从始发地运送到接受地，每一环节的转运或换装都保持在规定的低温条件下进行。如鲜鱼的运输，就应用冷藏船运到冷藏汽车，再运到冷藏火车，下站后再用冷藏汽车运到冷库。

冷藏链运输能抑制微生物繁殖和细菌的活动，防止农产品腐变，减少在途损耗。如长距离运输蔬菜，采用一般运输，损耗率大于20％，有的高达50％，而采用冷藏链运输，损耗率可控制在3％～5％，同时，还能延长其储存期，有利于调节其市场供求。可见，冷藏链运输对于保证农产品质量、减少农产品运输损耗、改进农产品经营很有好处，应该积极推广。特别是对易腐变的鲜活农产品运输，更应该创造条件采用。

二、农产品配送

1. 农产品配送的基本概念

农产品配送是指由专业的送菜或餐饮公司采用先进、专业的物流基本设施和大规模源头采购、统一采购形成的价格、数量、品种、品质上的独特优势，为各学校、企业、工厂和自营餐厅的客户或其他餐饮服务企业配送所需的主副食品、蔬菜、肉类、调味料及豆制品等。

农产品物流配送的内涵是指按照农产品消费者的需求，在农产品批发市场、农产品配送中心、连锁超市或其他农产品集散地进行加工、分类、整理、配货、装箱和末端运输等一系列活动，最后将农产品呈递消费者的过程。其外延主要包括农产品超市连锁配送和供应商配送两方面，其中，前者主要是经营农产品的超市由总部配送中心向各连锁分店和其他组织配送农产品的过程，而后者主要包括农产品生产者、农产品批发市场、农产品配送企业的专业协会等配送主体向宾馆、学校、超市和家庭社区等消费终端配送农产品的过程。

农产品物流是以农业产出物为对象，通过农产品产后加工、包装、储存、运输和配送等物流环节，使农产品保值增值，最终传递消费者手中。农产品本身的特殊性，且具有产地分散、销地广阔的特点，对农产品物流手段、方式和整体规划提出了更高的要求，这个流通配送过程是目前体现农产品市场价值的关键一环。作为现代物流发展的新分支，农产品物流从统一组织货源、检验检疫达标、严格整理清洗、整齐分拣包装，到按需直接送到消费者手中，保证了农产品从"田地"到"饭桌"的一条龙服务，主打可靠、健康、便捷的特点。在农产品物流整个过程中，农产品配送中心的位置发挥着重要的作用，因为集中统一的农产品物流配送站是连接农产品生产始端与农产品销售终端的重要桥梁，其选址决策是否科学往往决定着农产品物流的配送距离和配送模式的选择，进而影响着整个农产品物流配送体系的运转效率。

2. 新时期下农产品配送的新模式

（1）农超对接。农超对接指的是农户和商家签订意向性协议书，由农户向超市、菜市场和便民店直供农产品的新型流通方式，主要是为优质农产品进入超市搭建平台。农超对接的本质是将现代流通方式引向广阔农村，将千家万户的小生产与千变万化的大市场对接起来，构建市场经济条件下的产销一体化链条，实现商家、农

221

民、消费者的共赢。

（2）农社对接。农社对接指的是农户和消费者达成意向性协议书，由农户向社区的消费者直供农产品的新型流通方式，主要是为优质农产品进入社区搭建平台。农社对接的本质是将现代流通方式引向广阔农村，将千家万户的小生产与千变万化的社区大市场对接起来，构建市场经济条件下的产销一体化链条，实现农民、消费者的共赢。

（3）农贸对接。农贸对接是一个新兴概念，在当前情况下，农超对接、农贸对接在未来5～10年还处于发展期，不能完全满足和完整调控市场，因此，各地政府都在城市里建立了大大小小的农贸市场，以供居民选购各类农产品。农贸市场多以小商小贩或个体经营为主，他们自行到二级批发市场采购几十种蔬菜以供居民需求。如果由专门的配送公司直接为这些市场供货，一可以集约化资源，二可以分工细化，三可以降低采购成本，真正降低菜价。不过，这需要一个强大的信息平台和物流配送中心。

（4）农居对接或农家对接。农居对接或农家对接一般针对白领阶层和家中有老人、小孩、孕妇的家庭，以及中高收入家庭，主要配送净菜、营养套餐菜系、有机蔬菜、有机农产品、有机禽蛋、有机肉类。最近几年正在探索的B2C电子商务蔬菜配送正是针对这些人群的。

三、电商农产品的配送问题及解决方案

（一）当前农产品的配送问题

1. 配送水平问题

（1）缺乏规范的农产品配送运输和包装行业标准，质量安全意识淡薄。

（2）配送企业专业水平参差不齐，缺乏品牌化的农产品配送企业。现有的生鲜农产品配送企业及从事配送活动的蔬菜批发个体户或经纪人等对保证配送安全的意识普遍不足。

（3）未建立完整的生鲜农产品物流配送信息平台。

2. 农产品采购问题

（1）采购批量小导致价格偏高。

（2）采购环节倒手次数过多导致价格偏高。

（3）批发商货物积压导致浪费。

3. 配送效率问题

（1）货车限行。由于城市市内限定货车通行的时间，因此限制了厢式货车作为配送车辆的市内配送，出现了"客车货运"的现象。

（2）"最后一公里"的难题使价格翻倍，造成菜贱伤农、菜贵伤民，中间流通赚钱的现象。

4. 农产品损耗严重

我国粮食每年产后损失率超过 8％，果蔬损失率更逼近 20％。据粗略统计，仅每年粮食的损失量就高达 250 亿千克。而美国等发达国家的粮食产后损失率低于 3％，果蔬为 1.7％～5％。

"大约 35％的农产品损耗在物流过程中，导致农产品销售半径小，很难长距离运输，也限制了农产品进出口大宗贸易，云南的优质农产品要想更大规模地'走出去'拓展国内外市场，亟须建立一个高起点、标准化、国际化的冷链物流服务系统。"在第八届中国国际物流节举办的冷链物流专题会议上，云南星长征投资开发控股集团有限公司副总裁罗十红在演讲时说。

目前，我国水果和蔬菜总量中只有 10％～20％利用了低温物流，品种也仅限于一些经济效益比较高的水果，而发达国家低温物流的使用率一般在 80％左右。

国家农产品保鲜工程技术研究中心研究发现，我国每年生产的水果蔬菜在从田间到餐桌的过程中，损失率高达 25％～30％，而发达国家的果蔬损失率则普遍控制在 5％以下，美国果蔬在保鲜物流环节的损耗率仅有 1％～2％。

（二）农产品配送问题的解决方案

1. 在生鲜农产品配送的整个供应链上加强食品的安全生产监控

（1）在生鲜农产品配送链上游加强农产品生产基地安全生产监控。

（2）在生鲜农产品的各大批发市场上加强食品的安全检测。

（3）对生鲜农产品配送末端的超市、餐饮店、零售商加强安全检测和监控。

2. 在建立新的农产品配送供应链的同时不断完善已有的农产品供应链

（1）以外资企业为核心的供应链。改革开放以来，许多外资企业在中国直接投资建设生产基地，引入优良的农产品品种，按照一定的技术操作规范，建立农产品加工企业，生产的农产品加工后全部返销国外。

（2）以中外各类企业为核心的农产品供应链。在农户和国外消费者之间，有中外各类型的企业从事与农产品相关的经营活动，在农户力量薄弱的情况下，它们成为供应链的中流砥柱。

3. 加强农副产品流通过程中信息平台的建设并不断改善，最大限度地达到信息透明化

由于信息平台建设的缺陷和信息服务的不完善，存在很多问题，其中最主要的就是信息的不透明化，这使得整个供应链上的所有人只能看到链上某一环节的信息，而不能够看到所有信息。如果在这个平台上加上一些现代信息技术，就可以对整个供应链的过程进行监控和定位。

案例 7-2

高校蔬菜配送基地

南京是高校密集的省会，高校位置分布比较集中。随着招生规模的扩大，各高校的学生一般都在万人以上，有的可达 2 万～3 万人，再加上教职员工，是一个庞大的消费群体。随着网络的发展，各高校只要在网上下订单（可以是电话、传真、电子邮件等），南郊的鸿兴配运蔬菜集散物流中心就可以按照需求把各高校的订单汇总、整理，即时配送。这样的方式优点突出，主要表现在以下几个方面：

（1）订货方便快捷。只需一个电话或电子邮件，就可以订购到自己所需的各种蔬菜，不必自己解决运输问题。

（2）蔬菜价格低廉。集散物流中心集中配送可以形成规模效应，减少中间环节，使蔬菜的价格大幅下降。

（3）蔬菜品质安全。集散物流中心拥有自己的蔬菜基地，蔬菜的种植、采摘、仓储、运送等过程都在可控的监管范围内，对化肥、农药的使用有严格要求。此外，集散物流中心还为客户提供蔬菜的清洗、消毒、加工等服务，保证蔬菜保存时间不超过 24 小时，每天配送时间固定为 8：00～9：00 和 14：00～15：00，做到定时、保质、高效。

任务四　供应链

一、农产品供应链概述

1. 农产品供应链的含义

农产品供应链是指以农产品为对象，围绕农产品核心企业，通过信息流、物流和资金流执行农产品的生产、加工和销售，从而将农户和农业生产基地、农产品收购商、加工商、零售商、消费者连成一体的功能网链。

2. 农产品物流层次

农产品物流的最低层次是农户生产出的农产品供自己消费，以满足农户自身需求。第二层是在满足了自身需求后，将剩余的农产品运送到集贸市场去买卖，获得收益。第三层是当一个地区农产品供大于求，农产品卖不出去或卖出去的价格过低弥补不了成本损失或收益过低时，就会出现一批人以较低的价格收购农产品并运送到更远的地区销售给最终消费者或卖给更高一级的批发商。在这个过程中实现了农产品的集中。第四层是大批发市场、大型批发商负责集中运送个体农户的农产品，向全国各地调运。这一层实现了农产品的大批量、远距离流通。第五层属于国际农产品市场，由于我国供应链的发展落后于一些发达国家，因此，我国农产品物流的发展也相对落后，受到许多因素制约，如新型技术开发使用的制约。

二、我国农产品供应链模式

1. 传统农产品流通链

传统的以农户经营方式为主的市场格局，在很大程度上制约了供应链作用的发挥，由于信息不畅通，农产品流通效率低下，使得消费者的需求得不到满足，可能引发产销不对路、高数量低质量、农产品增产不增收等问题。

2. 以超市为主导的农产品供应链

超市在农产品流通中占有不可取代的地位。以超市为主的农产品供应链的最大优势之一是能够准确快速地捕捉消费者的需求变化，也使得加工、包装、配送等一系列增值服务有较大的发展空间。以超市为主导的农产品供应链具有完善的信息管理系统，该模式通过对市场信息的分析，可加强上下游沟通，缩短流通渠道，有利于建立供应链内部稳定长期的合作关系。

3. 以专业批发市场为主导的农产品供应链

专业批发市场能有效密切联系农户和市场，向加工企业传递生产等信息，帮助整个供应链做出合理的决策。该模式依托一定规模的农产品市场，将农产品集中起来，再通过零售商销售，扩大了农产品物流半径。但这种供应链总体成本较高，而大多数批发市场还没有建立完整的物流信息系统，农产品的包装、加工、配送等增值活动也不普遍，还需要不断完善。

三、我国供应链现状以及存在的问题

1. 农产品物流专业化、产业化程度低

农产品物流具有专业性强、技术管理要求高、营运成本高的特点。目前我国农产品物流主要采用自营方式，第三方物流组织还不多；常温物流和自然物流是主要的物流形式，没有形成连贯成型的冷链物流。很多企业因缺乏专业化、产业化运作意识，加上物流技术和物流设备落后、管理水平低，使得农产品流通中损耗量大，造成了社会资源的大量浪费。我国主要粮食农作物玉米、水稻、小麦等的生产成本在国际市场上并不高，但在流通过程增加了至少25%的成本。

2. 农产品物流信息网络发展滞后

农业信息化落后引起了诸多问题。农业信息网络不健全，使得农产品的品种和质量不能满足需要；农户居住分散，沟通渠道不畅，许多农产品信息难以收集、传递；农资和农产品物流带有盲目性，流程不合理，导致在途损失严重，影响农产品保值增值；农产品物流企业间未形成物流信息的共享机制，缺乏资源整合，导致区域间信息壁垒严重等。不重视供应链管理中极为关键的信息化平台的搭建，造成信息不对称，从而使经营成本、管理成本、决策成本、采购成本、运输成本、包装成本、生产加工成本、市场成本无形中被加大。

3. 农产品质量安全缺乏保障

在迅猛发展的农业生产中，因生产经营不当而导致的生态灾难，以及大量化学物质的使用和能源投入对环境的严重伤害等问题严重阻碍了农产品质量安全目标的实现。以马铃薯的生产为例，生产者为了防治马铃薯的地下害虫，栽培马铃薯时需要施入杀虫剂甲拌磷 30～50 千克/公顷。为了促进地下块茎的生长获得较高的产量，马铃薯膨大初期需喷施块茎膨大素 1～2 遍。这种药剂的使用在提高产量的同时也会导致农药在薯块中残留，无法保证农产品

质量。

4. 不合理的农产品组织模式阻碍供应链发挥优势

现阶段，我国的"农户—产地批发市场—农产品运输商—销地批发市场—农贸市场或超市"的供应链体系基本上处于一种以批发市场为界的断裂状态，"即时货银两讫"的流通形式既阻断了资金流，也阻断了农产品供应链需求与供给的信息流，导致供应链以批发市场为界分为"生产—流通"和"流通—消费"两个部分，这种现货交易机制意味着合作与协调关系十分薄弱，农产品供应链运行效率过低。加之个体农户多且相对分散，中间环节很多，致使农产品供应链链条加长，无法发挥统一协作的优势。

四、我国农村电商发展供应链的对策

1. 完善物流基础设施建设，对农产品物流实施规范化管理

据调查显示，原本价格不高的农产品在送到消费者手中后，价格普遍过高，农产品运送的中间费用占最终销售费用的 90%。因此，应大力支持农村基础交通道路建设，改善主要农产品种植基地周围的道路状况，方便农产品的输送，减少损耗。扩展建设大型农产品批发市场，将农产品集中起来，进行规范化和标准化管理，使用现代化运输设备，科学管理车辆的进出，避免空车行驶、倒流运输。针对时效性较强的农产品，应开辟专门的绿色通道，保证农产品在运到消费者手中时依然新鲜。

2. 构建农产品信息管理系统，加快信息化建设

构建农产品信息管理系统，建设农产品供应链信息管理平台，通过信息化建设，实现信息在供应商、生产商、分销商、零售商、消费者之间的有效传递，提高供应链管理信息的准确性，保证各环节的便捷沟通。

3. 加强农产品质量监管力度，建立农产品质量标准体系

由于信息不完全、信息不对称、信息不公开以及牛鞭效应，劣质农产品不时扰乱公共卫生安全。质检部门应不定期抽查生产企业

的农作物质检报告，记录不合格率，对卫生、质量不合格的农产品采取相应的预防措施。面对劣质农产品流散市场的情况，相关部门应按国家法律法规严格惩处，但其前提是建立一套科学完善的农业质量标准体系。

此外，发展农产品保鲜技术也是提高质量的重要内容，应重视新型农产品科技的投入使用，推广农产品冷链物流，完善冷链物流直销模式，建立终端销售系统，利用商场和超市把生鲜农产品直接销售给消费者，减少中间环节造成的损耗。

4. 优化农产品组织模式

针对农户过于分散的问题，最重要的是加快农业产业化进程，将个体农户有效整合起来，例如将上游广大分散农户组织起来，鼓励他们与中游加工企业建立战略合作关系，发展高效、高品质的农业加工企业，打造一条以加工和配送为核心的供应链，并促进供应链组织创新。发挥政府在组织优化中的作用，统筹规划，创造良好的产业环境，完善相关法律法规，保障农产品市场的规范化、法制化运作。同时，发挥农民合作协会等非政府组织的作用，维护农户的合法权益，提升农业综合竞争力，推进当地市场机制建设。

5. 协调农产品供应链各方利益，为市场注入新鲜活力

合理分配供应链上各合作伙伴的收益是提高供应链整体绩效的善举。供应链运作成功的关键是建立完善的利益分配机制，有效配置利润，做到分配公平。农产品生产商大多是当地农户，市场要为这些农户的农产品进入市场提供便捷的程序和本土化的生产意见，必要时提供资金补助；要为加工厂家提供市场建议，联系供应商，加强两者间的合作。

案例 7-3

台东县地处关中平原东部，距省会延安约 80 千米，距凯里国际机场约 45 千米；西贵高速公路、西贵东线、省骥铁路、西贵中线和省道 89 穿境而过，交通十分便利。此处地理位置优越，属平原地带，成为关中地区重要的运输枢纽和集散物流中心。台东县充分发挥自己地势和交通便利的优势，提出了通过电子商务"融通东西"的战略规划，即通过网络做"东西流通的集散物流中心"。台东的电商模式可以归纳为"集散物流中心＋网络营销平台"。

经过多年的经济发展，台东县已经在物流、配送方面有了一定的基础，构成了电商企业的核心竞争力——供应链支撑当地电子商务的物流集散配送。

案例解析：

（1）台东县农村电子商务的特点。其特点包括：①以配套完善的网络营销企业联盟为依托，大力吸纳外地电商加盟共事；②整合东西的物产资源，突破本地有限的资源约束；③"集散物流中心"的规划充分发挥了其交通区位优势以及仓储和配送发达的特点。

（2）台东县农村电子商务模式的启示。在没有互联网的时代，集散物流中心的价值非常大，不仅区位四通八达，更重要的是商品可集中配送，实物以批量化的方式出现在消费者的眼前，买卖商户数量大，信息流通更快。互联网的快速发展和电子商务的兴起为商品的展示、宣传、促销等信息交流提供了方便的平台，尤其是随着原产地网络营销企业的崛起，台东县这种集散地的货源可能会受到影响，甚至短缺。因此，模仿"台东模式"做网上集中售卖配送时，要时刻注意产业链上游的"截流"甚至"断流"现象，争取把控稳定的供应体系。

案例 7-4

应对农村山区物流配送难题
——南乾县电子商务物流典型案例

南乾县地处蜀南山区，属陕、鄂、渝三省交界之地，是湖北省的贫困县，位置偏远。2016 年以来，该县大力发展农村电子商务，利用南乾蜀南电商产业物流集散分拣地，建立县级物流中心和物流网络微信平台，实现物流配送信息实时分享，通过整合蜂巢、邮政、菜鸟、申通等快递公司，完善乡村物流配送体系，有效解决了山区物流配送的"瓶颈"难题。

其农村电商五大举措为：

（1）建立县级物流配送中心，整合物流信息。目前，该县调动配送车辆300余台，开通了"乡村物流专达车"，由县级流配送中心统一安排、定时配送，保证乡村物流的统一性。在物流专达车的基础上，配合快递企业直接配送的方式，实现了全县所有乡镇、农场、林区24小时内货物到手的"及时达"体系。同时承接国家工业品下乡和农产品入市的政策对接，实现了物资双向流通，降低了成本，保证了农村山区物流配送的有利发展。

（2）盘活存量，配置增量。截至2016年年底，该县16个乡镇、8个农林特场的公路总里程为3 864千米，投入营运的客货车仅有160辆。为解决农村山区物流配送难题，2017年年初，该县县级物流配送中心主办单位快卫杰物流公司，从完善乡村物流集配服务站、各地物流服务点建设入手，为物流配送站配置计算机、办公桌椅、储物间、电子秤等设施，购置专用物流货运车辆55台、叉车10台，统一标志，与加盟快递公司车辆共同满足全县乡村物流的配送需求。

（3）信息分享帮助实现物流配送的准时高效。该县在政府扶持"互联网＋"农业的政策导向下，勇于创新，利用网络信息平台和微信传播手段，建立"快货"微信推广平台，在网络平台上发布电商企业、物流企业、农资经销企业的农产品采买即时信息，实现多方位信息的集约共享。现在，村民都能够享受到微信群平台中的"快货"服务，也轻松实现了"车找货、货找车"的乡村物流配送效果。

（4）大力争取电商物流的政策支持。该县安排农产品电商发展专项资金400万元，用于乡村物流集配服务站、280个物流服务点建设和县农产品网络营销平台建设。依据网络平台订单成交记录、快递发货单等，以补贴的方式给予支持，有效促进了快递企业的积极参与，从根本上解决了农村山区物流的配送难题。

（5）引进第三方物流，使乡村物流配送服务体系更加雄厚。该县充分发挥山区农产品的资源优势，销售来自大山深处的天然绿色优质农产品的品牌，实现了可观盈利，同时达到了扶贫效果。为解决天然绿色优质农产品远距离供货问题，南乾县政府与邮政、申通、顺丰等6家快递公司签订合作协议，政府通过物流补贴的方式，开通了南乾至通阳、重汉和邻近机场5条物流配送专线，最大幅度降低物流成本，保证快捷便利地配送。随着快递物流"瓶颈"的逐步打开和农村物流体系的日益完善，该县农村电商如雨后春笋蓬勃发展。目前，淘宝、京东、赶实惠、淘街购等电子商务平台与该县的合作更造就了农产品网络营销多元化的发展格局。

复习思考题

1. 使用何种包装策略能够使农村电商的产品脱颖而出？

2. 对于农村电商来说，仓储环节为什么是农产品销售中非常重要的一个步骤？

3. 简述农产品仓储的主要特点及小麦、玉米、大豆的主要仓储方法。

4. 农村电商应如何合理组织农产品运输？

5. 与发达国家相比，中国农产品配送的最大问题是什么？

6. 如何避免农村电商供应链的优势被阻碍？

模块八 网店的客户服务与管理

[引例]

辽宁省盘锦市大洼县的碱地番茄，一口尝下去酸涩中带着微甜，正是因为这种不可复制的甜酸口感，才让一名"90后"小伙儿被乡亲追得几乎围着田家镇跑了一大圈。他就是毕业于沈阳农业大学科学技术学院的郭佳明，通过在校四年的学习和实践，他知道只有大洼县这块盐碱地上才能长出最好吃的番茄。

郭佳明先后创立了"菜根堂"和"渤海滩"两大享誉省内外的碱地品牌。2017年，"淘宝网·特色中国"发起了旨在建立优质农特产群的地标业务，郭佳明创下的"渤海滩"碱地番茄因其味美独特、地域原生、形象清新、情怀有料的"小而美"属性，逐渐显露出优质地标农产品的黑马潜质。

经过两个月的努力，"渤海滩"碱地番茄作为大洼馆特邀供应商在特色中国A级活动"千湖秘境"中脱颖而出，完成订单破万斤的骄人战绩，吸引了百万级的国内"吃货"驻足选购，凭借自身品质在"淘宝·特色中国"的平台获得了商业与口碑的双重赞誉。

在这样千载难逢的发展机遇中，"菜根堂"为自己一众的原产地特色农产品找到了最好的销售出口和经营平台，伴随着"菜根堂"企业淘宝店的应运而生，碱地番茄、水果番茄、无公害茄子和豆角等一系列名优特产品也逐渐在线上被越来越多的买家关注、咨询和选购。此外，郭佳明很重视淘宝店的日常管理，尤其是售前咨询交流和售后咨询反馈，这种"顾客就是上帝"的经营理念也使其博得了数以万计买家的多次好评和致谢。

[启示]

目前消费市场对名优特农产品的需求很旺盛，也很急切，数字信息化的飞速发展以及网络店铺的兴起很好地满足了这类需求，通过网店购买商品的人越来越多。需要格外关注的是，网店运营前期应侧重店铺及待售商品的日常管理，运营后期则要根据众多消费者的综合需求，为其提供合适的网购产品和优质的物流服务。在电商网购盛行的形势下，要鼓励青年创业者们通过网络把家乡的农特产品销售出去，形成一个完整的电商购销模式。

任务一 商品的售后服务

一、商品售后——农村电商 买卖双方的推进式沟通

营销的最高境界是与客户成为朋友，这一点无论对于线上营销还是线下营销都是行之有效的方法。商机无时不在，机会处处都有。能否把握机遇更好地利用电子商务提供的交易平台获得最大的利润就取决于网店自身具体的运营管理决策。

1. 真正的销售始于售后

销售是一个连续的活动过程，只有起点，没有终点。成交并不是推销活动的结束，而是下次推销活动的开始。推销的首要目标是创造更多的客户而不是销售，因为有客户才会有销售，客户越多，销售业绩就越好，拥有大批忠诚的客户，是销售人员最重要的财富。销售人员要开发出更多的顾客户，一个重要途径是确保老客户，使现有客户成为忠实客户。

"真正的销售始于售后"，其含义是在成交之后，推销员能够关心客户，向客户提供良好的服务。你的服务令客户满意，客户就会

再次光临，并且会给你推荐新的客户。

"你忘记客户，客户也会忘记你"，这是国外成功推销员的格言。在成交之后，应继续不断地关心客户，了解他们对产品的满意程度，虚心听取他们的意见。对于产品和推销过程中存在的问题，应采取积极的弥补措施，防止失去客户。

2. 保持与客户的定期联系

应根据不同顾客的重要性、问题的特殊性、与顾客熟悉的程度和其他一些因素来确定不同的回访频率。推销员可以根据顾客的重要程度，将客户分为 A、B、C 三类，A 类顾客每周联系一次，B 类顾客每月联系一次，C 类顾客至少半年接触一次。

3. 正确处理客户抱怨

抱怨是每个推销员都会遇到的。松下幸之助说："顾客的批评意见应视为神圣的语言，任何批评意见都应乐于接受。"正确处理客户抱怨可以更好地吸引客户。美国的阿连德博士在 1982 年的一篇文章中写道："在工商界，推销员由于对客户抱怨不加理睬而失去了 82% 的客户。"鉴于此，我们应坚持以下原则，确保有效降低客户抱怨率及客户投诉率：

（1）感谢客户的抱怨。客户向你投诉，使你有机会知道他的不满，并设法予以解决。这样不仅可以赢得一个客户，而且可以避免他向亲友倾诉，造成不好的影响。

（2）仔细倾听，找出客户的抱怨所在。推销员要尽量让顾客畅所欲言，把所有的怨愤发泄出来。这样既能使客户心理平衡，又能知道问题所在。推销员如果急急忙忙打断客户的话为自己辩解，无疑是火上浇油。

（3）收集资料，找出事实。推销员处理客户抱怨的原则是站在客观的立场上，找出事实的真相，公平处理。客户的抱怨可能有夸大的地方，推销员要收集有关资料，设法找出事实真相。

（4）征求客户的意见。一般来说，客户的投诉大都属于情绪上的不满，由于你的重视、同情与了解，不满就会得到充分宣泄，使怒气消失。这时，客户可能毫无所求，也可能仅仅是象征性地要一点补偿，棘手的抱怨就能圆满解决了。

（5）迅速采取补偿行动。拖延处理会导致客户产生新的抱怨。

二、如何应对农村电商的客户流失

客户流失已成为很多网店所面临的尴尬局面。事实上，客户流失的代价不仅表现为失去实际营业额，其潜在波动影响意味着更大的损失，而客户流失源于价值、系统以及人员三方面的问题。

客户的需求不能得到切实有效的满足往往是导致网店客户流失的最关键因素，一般表现在以下几个方面：

（1）网店的产品质量不稳定，客户利益受损。客户会因为这些原因而选择其他的同类服务商。

（2）网店的产品或经营理念缺乏创新，客户"移情别恋"。任何产品都有自己的生命周期，随着市场的成熟及产品价格透明度的提高，产品带给客户的利益空间减少。若网店不能及时进行创新，客户自然会另寻他路。

（3）网店内部的服务意识淡薄。服务是网店的首席"活名片"，对于网络营销这样一种特殊的现代化经营方式而言，其售后服务环节在某种程度上直接决定了最终经营利益的深度和宽度。员工傲慢且不能及时解决客户提出的问题、客户感觉咨询无人理睬、投诉没人处理、服务人员工作效率低下都是直接导致客户流失的重要因素。据有关数据显示，80％的顾客流失是由于网店员工服务态度差造成的，网店管理者必须重视与客户双向沟通的时限性和实效性。

（4）客户遭遇新的诱惑。市场竞争激烈，为能够迅速在市场上获得有利地位，竞争对手往往会不惜代价，以优厚的条件来吸引那些资源丰厚的客户。

（5）市场波动导致客户流失。任何网店在发展过程中都会遭受波折，网店的波动期往往是客户流失的高频段位。此外，若网店的运营资金出现暂时的紧张，如出现意外性经营风险时，也会让市场出现波动。

三、农村电商出现售后问题时的基本解决方案

1. 长远方案

对于售后换货问题未解决但又有后续订单的情况，内勤人员可先将状态设定为"内勤待处理"（系统需要改进），等到换货问题解决后回访顾客，回访结果为"满意"后再发货。

"内勤待处理"方案还可以同时解决"延迟发货"。例如，当顾客暂时不在收件地址时，一般的处理方法为退回销售，之后由销售再次回访，成交后再次核单，非常烦琐。让内勤对"内勤待处理"订单进行一次性回访和核单可节省人力资本，也可解决"核单时无法联系或顾客正忙"的情况。

2. 近期方案

在跟单过程中如果无法改进系统，则建议在内勤部门（或售后）设立一名跟踪专员，由其在约定的时间再次回访顾客，待确定客户需求得到基本满足后提交给售后发货专员。进入售后环节后，若顾客要求换货，销售或内勤人员必须通过系统及时反馈给售后专员。售后专员要在一个工作日内联系顾客并确立解决方案。若顾客要求退货，也应通过系统反馈给售后，由售后劝服顾客或以赠送礼品等方式解决。销售成功必须由负责销售的客服人员询问客户的群体性需求，然后针对其具体业务内容统一加强培训，以期减少因为不沟通、少沟通或模糊沟通而导致的换货，甚至是退货。

任务二 完善网店的售后服务工作

一、售后服务工作的总体完善

部分网店商家认为商品卖出后就"万事大吉"了，其实不然，好的售后服务可能会给商家带来更多忠实的买家，从而带来源源不

237

断的经营活力和市场价值，好的售后服务是保证商家获得持久好口碑和更高利润空间的制胜法宝。

1. 售后服务的基本作用

售后服务是整个交易过程的重点之一。售后服务和商品的质量、信誉同等重要，在某种程度上，售后服务的重要性或许会超过信誉，因为有时信誉不见得是真实的，但是适时的售后服务却是无法做假的。贴心周到的售后服务会给买家带来愉悦的心情，从而成为忠实客户，售后服务还增加了与买家交流的机会，拉进了与买家之间的距离，买家很可能会介绍其他更多的亲朋好友来光顾。

2. 完善售后服务工作的主要内容

（1）随时跟踪包裹去向。买家付款后要尽快发货并通知买家，货物寄出后要随时跟踪包裹去向，如有运输意外要尽快查明原因，并向买家解释说明。

（2）交易结束及时联系。货到后及时联系对方，首先询问对货品是否满意、有没有破损，如对方回答没有，就请对方确认并评价。

（3）认真对待退换货。货品寄出前最好要认真检查一遍，千万不要发出残次品，也不要发错货。如果因运输而造成货物损坏或其他确实是产品本身问题导致买家要求退换货时，我们也应痛快地答应买家的要求。

（4）以平和的心态处理投诉。由于货物运输力所不能及等各种原因，在网店的经营过程中会不可避免地出现各种各样的纠纷，能和平解决的尽量和平解决，如果遇到居心不良或特别顽固的买家，我们也要拿起淘宝的合法武器去据理力争。

（5）管理买家资料。随着信誉的增长，买家越来越多，管理买家资料也十分重要。除了买家的联系方式之外，还应记录以下信息：①货物发出、到货时间；②这个买家喜欢自己挑选还是别人推荐；③买家的性格是"慢吞吞"还是"风驰电掣"；④在价格或产品问题上是随意还是苛刻等。

（6）定时联系买家，并发展潜在的忠实买家。交易真正结束后，还可适时地发出一些优惠或新品到货的信息，吸引回头客，每逢节假日用短信或旺旺发一些问候用语，会增进彼此的感情……当然，有的人不喜欢这些，应适度掌握并随机应变，尽量挑选自己认为比较随和、有潜在性的买家去发展从而使其成为忠实买家。

二、农村电商售后客服工作的完善建议

1. 农村电商售后客服的职业需求

（1）全面掌握产品属性。必须全面掌握所展示的产品和属性。例如卖衣服的，要清楚地知道哪个款式适合哪一类型的人，哪个尺寸适合哪一种身材，对衣服的面料、质量都要有所了解；如果是卖化妆品的，就要清楚地知道哪个产品适合哪一种皮肤，不能为了生意，随便应付客人说这个可以、那个适合。要掌握好产品的属性，知道产品适合什么样的人群。

（2）用最礼貌的方式问候上门的客人。买家上门一般会问"在吗？"，此时，我们不能只是直接回答"在"，然后就等客人再次提问，而应热情、礼貌地问候客人，如"亲，您好，在的，有什么可以为您服务的吗？"

（3）根据客人需要，为客人挑选最佳产品。应选择适合客人的商品进行推荐，不能为了做成一单生意，而忽视了顾客的利益。做生意当然希望长做长有，希望客人有需要的时候总是想起你的店，所以不能因小失大，应将目光放得长远一些，如果没有适合客人的，可以让客人选择其他款式，倘若都不喜欢，也要礼貌地说，下次有适合的会第一时间通知你。

（4）把客人当成朋友，让顾客感受到你的诚意。在与客人交谈时，服务态度一定要好，在体现友善的同时，让顾客感受到你的亲切。这就需要在语言技巧上花点工夫了，如果你把客人吹捧得天上有、地下无，别人会觉得你很虚伪；如果你冷言冷语，客人又会觉得受到冷落。因此，与买家交流时，一定要诚恳亲切。

（5）换位思考，满足客户的超值期望。很多买家进店后都喜欢随便问问的，我们能做的就是引导客户快速成交。有一部分客户总是在拍下货品后犹豫不决，和其他家的商品进行对比，这时我们可以换个角度卖东西，站在买家的角度上，去考虑买家的顾虑。在交易过程中，如果能有些小礼品或者优惠鼓励的话，会促使大部分客户下单。所以，客服可以以产品为主导、小礼品为鼓励，引导客户快速成交，这样既满足了客户的超值期望，也促成了订单的交易。

（6）必须熟悉淘宝的流程。作为淘宝客服，必须熟悉淘宝的购物流程，从进店购物到确认收货，这个流程是必须清楚了解的。一旦客户在购买过程中提出问题，客服要能及时解答和解决。对于一些常用术语，也应主动去学习和熟悉，如一淘、集分宝、天猫积分等一些常见的名词，不能等客户提到的时候，还一头雾水，什么都不知道。

（7）善于汲取精华。在客服的工作过程中，常常会遇到一些比较难以准确答复或者敏感的问题。对于这类问题，可以去一些比较知名的店铺中模拟买家的身份进行咨询，看看别的店铺是怎样回答的，问得多了，自然可以从中学到一些技巧。

（8）及时为客人查询快递情况，咨询客人的满意程度。商品卖出后，我们要跟踪快递的情况，快递到达后第一时间提醒顾客。可以选择在旺旺里提醒顾客的方式，并咨询他们对产品是否满意，一般客人看到后都会主动联系你的。

2. 农村电商售后客服的主要职责

只要宝贝寄出，所有的问题就由售后来处理了。售后包括退换货、物流问题、客户的反映和投诉、中差评处理等。要努力处理好各种问题，让客户感到满意，提高客户忠实度。

（1）售后客服每日工作流程。看即时通信软件上客户的留言，并及时跟进，如果是物流问题应及时将信息发给客户，对已经收到的宝贝有疑问的，要及时做出解释。此外，还要进行后台评价管理，如果有评价内容需要解释的，也要及时处理。

（2）售后客服工作注意事项。每天需要对已经成交的订单进行物流跟踪，要抢在客户前面发现问题，发现疑难件后，要做记录。

客户来催单，要在第一时间给相关快递公司的客服打电话，把物流信息反馈给客户，安抚客户的情绪。

3. 农村电商售后客服的专业素质和业务技巧

网店的售后服务工作基本由售后服务人员与具体的客户根据已经实际完成的交易直接沟通完成，客服根据预先设定好的店内营销活动及客户的具体咨询或需求等展开相应的售后服务工作。在这一核心环节中，需要售后服务人员具备专业的综合素质和一定的工作技巧。

（1）专业的综合素质。一个合格的网店售后客服应该具备一些基本的素质，如心理素质、品格素质、技能素质以及其他综合素质等。

①心理素质。网店售后客服应具备良好的心理素质，因为在客户服务的过程中，会承受各种压力、挫折，没有良好的心理素质是不行的。一名优秀的网店售后客服应具备"处变不惊"的应变力、挫折打击的承受能力、情绪的自我掌控及调节能力、满负荷情感付出的支持能力、积极进取和永不言败的良好心态。

②品格素质。忍耐与宽容是优秀网店客服人员的一种美德。一名优秀的网店客服人员应该具有以下品格：

a. 热爱其所从事的客户服务岗位，兢兢业业地做好每件事。

b. 谦和的态度。谦和的服务态度是赢得顾客满意度的重要保证。

c. 不轻易承诺，说了就要做到，言必信，行必果。

d. 谦虚是做好网店客服工作的要素之一。

e. 拥有博爱之心，真诚对待每一个人；勇于承担责任；有强烈的集体荣誉感。

f. 热情主动的服务态度。让每位客户感受到你热情的服务，在接受你的同时接受你的产品。

g. 良好的自控力。自控力就是控制好自己的情绪，客服作为一个服务工作，首先自己要有一个好的心态，客服的心情好了也会带动客户，要控制好自己的情绪，耐心解答，有技巧地应对。

③技能素质。

a. 良好的文字语言表达能力，高超的语言沟通技巧和谈判技巧。优秀的客户服务员还应具备高超的语言沟通技巧及谈判技巧，只有具备这样的素质，才能让客户接受你的产品并在与客户的价格交锋中取胜。

b. 丰富的专业知识。了解自己所经营的产品的专业知识，如果你自己对产品都不了解，又如何能准确回答顾客对产品的疑问呢？

c. 丰富的行业知识及经验，熟练的专业技能。

d. 思维敏捷，具备对客户心理活动的洞察力。网店客服人员还应该具备敏锐的洞察力，只有这样才能清楚地知道客户购买心理的变化，了解了客户的心理，才可以有针对性地对其进行诱导。

e. 良好的人际关系沟通能力。良好的沟通是促成交易的重要步骤之一，不管是交易前还是交易后，都要与买家保持良好的沟通，这样不但可以顺利完成交易，还有可能使新买家成为自己的老顾客。

f. 具备专业的客户服务电话接听技巧。网店客服不仅要掌握网上即时通信工具的使用，电话沟通也是必不可少的，要具有良好的倾听能力。

④综合素质。具有"客户至上"的服务观念、独立处理工作能力、对各种问题的分析解决能力以及人际关系的协调能力。

（2）相关的专业知识。

①付款知识。现在一般使用支付宝和银行付款方式进行网上交易。客服应该建议顾客尽量采用支付宝等网关付款方式完成交易，如果顾客因为各种原因拒绝使用支付宝，则应该向顾客了解他所熟悉的银行，然后为其提供准确的银行账户，并提醒顾客付款后及时通知。

②物流知识。邮寄分为平邮（国内普通包裹）、快邮（国内快递包裹）和EMS。快递的方式分为航空快递包裹和汽运快递包裹，一般使用汽车快递。

（3）职业行为准则。不管客户存在怎样的售前疑惑或售后质疑，作为一名合格的网店客服人员必须牢记自己的行为准则。一名专业的售后客服在产品订单已经顺利成交的基础上，需要通过自身的职业技能来进一步稳定客户对网店及产品的认识，加强网店及产品的外在魅力值，加深客户对网店和产品的好印象。我们从现实层面对具体的售后客服行为准则做出如下建议：①你所提的问题要和业务主题相关；②谈吐大方、活跃、自信、时尚，健康充满活力；③优秀的语言表达能力，思维敏捷，极佳的协调现场的能力；④正确发送信息；⑤注意语气，在谈话中听来有趣和合理的东西变成书面语就可能会显得咄咄逼人、唐突甚至粗鲁；⑥内容要合适，不要让你的信息显得粗俗而又无赖；⑦心平气和，避免伤害他人；⑧诚实可靠、公正且不采取歧视性行为；⑨保守秘密，尊重他人的隐私。

（4）主要业务技巧。网购是看不到实物的，给人的感觉比较虚幻，因此，客服沟通交谈技巧的运用对促成订单至关重要。对于售出的产品，售后客服也应发挥其沟通技巧回复客户的认可、消除客户的疑虑、解决客户的疑惑。

任何一种沟通技巧都不是对所有客户一概而论的，针对不同的客户应该采用不同的沟通技巧，售后客服工作更是如此。

①一般的售后客服业务技巧。在如今市场竞争如此激烈的环境下，商品的同质化越来越严重，如何在营销上与对手有所区别，成了每个卖家必须考虑的问题。同时，售后服务也是不可忽视的一点，做好售后服务的基本技巧具体包括：

a. 好评一定要回复，感谢买家的评价，这样买家看到了心理上也会有一种认同感。

b. 如果物品在运输过程中发生损坏，一定要先补偿顾客。

c. 适时的关心，把交易过的顾客都加为好友，适时地发信息问候一下。

d. 在买家收到货后及时联系，询问详情，如果没有什么问题可以让买家尽快给出好评，如果出现了问题，也可以第一时间了解

情况，占据主动地位

e. 管理买家资料。对于一个网店而言，其买家及相关信息资料非常多，需要好好整理，如买家的联系方式、货物发出和到货时间、买家的性格、买家的喜好。

②顾客对商品了解程度不同，售后客服的沟通方式也有所不同。

a. 对商品缺乏认识，不了解。这类顾客缺乏对商品的认识，对客服依赖性强。对于这样的顾客，需要我们像对待朋友一样细心解答他们的问题，多从他（她）的角度考虑，并告诉他（她）你推荐这些商品的原因。对于这样的顾客，你的解释越细致他（她）就会越信赖你。

b. 对商品有些了解，但是一知半解。这类顾客对商品有一些了解，比较主观，易冲动，不太容易信赖。面对这样的顾客，要控制情绪，有理有节地耐心回答他（她）一系列的追加问题，向他（她）表现出你丰富的专业知识，从而增加对你的信赖，加深对产品和网店的印象。

c. 对商品非常了解。这类顾客知识面广，自信心强，问题往往都能问到点子上。面对这样的顾客，要表示出你对他（她）专业知识的欣赏，用谦虚、专业的口气与其探讨专业知识，给他（她）来自内行的推荐，告诉他（她）"这个才是最好的，你一看就知道了"，让他（她）感觉到自己真的被当成了内行的朋友，而且你尊重他（她）的知识，你给他（她）的产品推荐肯定是最衷心的、最好的。

③对价格要求不同的顾客，沟通方式也有所不同。有的顾客很大方，不会讨价还价，对待这样的顾客要表达你的感谢，并且主动告诉他（她）一些优惠，让顾客感觉物超所值；有的顾客会试探性地问问能不能还价，对待这样的顾客既要坚定地告诉他（她）不能还价，同时也要态度和缓地告诉他（她）我们的价格是物有所值的，并且谢谢他（她）的理解和合作；有的顾客喜欢讨价还价，不讲价就不高兴，对于这样的顾客，一定要时刻谨记"顾客就是上

帝"的营销宗旨，并耐心解释。

任务三　建立店铺的会员关系体制

一、会员关系体制的现实魅力

会员制体系是一种增近与顾客，特别是老顾客的关系，提升顾客满意度和忠诚度，实现公司与顾客共赢的客户资源和关系的管理模式。会员制营销是指企业以会员制形式发展顾客，并提供差别化的服务和精准化的营销，提高顾客的忠诚度和回头率以增加企业的长期利润。会员制商店，顾名思义就是以组织和管理会员的方式实现购销行为的商店。其特点为：①仓储式销售；②用会员制锁定目标顾客群，即有一定数量的客源保证并能吸收资金。对于网店而言，后者为其主营方向。

会员制客户管理模式是商家为了维系与客户的长期交易关系而发展出的一种较为成功的关系营销模式。会员制是为了使自己的店内会员建立一种与众不同的优越感，或者是想借此加强所有会员的消费归属感和资金凝聚力。

作为网店具体的会员制互动体系，其表现出的具体实用价值主要有：①拉近客情关系，享受增值服务；②会员卡是折扣优惠的通行证。对于商家而言，会员制的具体涵义有：

（1）稳定顾客，培养顾客忠诚度，锁定目标顾客群，保证拥有一定数量的客源，带来稳定的销售收入。淘宝店铺通过与顾客之间建立良好的关系，可以使顾客产生归属感，从而培养顾客的忠诚度，降低开发新顾客的成本，提升店铺的竞争优势，树立企业品牌。

（2）掌握消费者信息，了解消费者需求。卖家可以明确自己的消费群体，掌握和了解顾客群的特点，有利于进行消费分析。同时，会员制提供了与顾客的沟通渠道，便于及时了解消费者的需求变化，为改进店铺的经营和服务提供客观依据。

（3）增加收入和利润。在这个竞争激烈的环境下，管理好店铺会员、维护好老客户是店主们不二的选择，只有不断增加回头客，店铺的生意才会更加红火。

二、会员制营销的主要方法

由于网店竞争激烈，各店铺原有的会员制营销策略稍显刻板单一，不少网店的会员制已经步入"死胡同"。为了更好地应对市场经济中各商家之间的竞争，同时为有效地保持自身口碑和市场份额，可从以下几方面着手改进和完善具体的会员制营销方案：

1. 促销政策要有吸引力

网店在针对会员做营销策划时，应在商品价格、会员活动、专项服务等方面大做文章，并制定足够吸引顾客眼球的促销政策。

2. 顾客资料要实行动态管理

网店应时常对会员数据库进行更新，实行动态管理，这样也便于通过会员资料和会员参加活动的情况，更好地了解顾客的消费特征。

3. 会员服务要有个性

目前，很多网店的会员管理仅限于折扣、积分等促销活动，且面向所有会员。虽然会员可根据以往商品消费的积分累积程度享受不同级别的折扣，但并没有从中体现出真正的个性化服务。可以在会员生日、传统节假日、特殊纪念日等日子，给某些会员特殊的折扣、多倍的积分，或赠送一份特别的礼品，会员在感动之余，说不定会对网店留下更好的印象。

4. 收集会员资料要讲究技巧

有些网店从未对已有客户资料进行有效保管，要么将登记的原始记录本束之高阁，要么对已输入电脑的数据长期不做更新，这种管理方法是无法让会员制产生预期效果的。准确、完善、动态生成的会员资料，是会员制营销的首要前提。

5. 寻找合作伙伴，拓宽业务渠道

充分了解网店主营产品适用客户的消费特征，并根据网店的实际情况，以会员制营销为基础，拓宽自己的业务渠道。可与其他商场、休闲会所、饭店、缴费网点等合作，与合作商家资源共享，为会员提供贴身的便利、超值服务；或者在普通会员卡的基础上，发行具有储值功能的会员卡，这是一个既提高会员忠诚度，又为网店募集资金的好办法。

三、农村电商客服会员制营销方案的制订要领

1. 会员制营销体系建立的基本流程

其基本流程如图 8-1 所示。

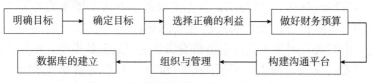

图 8-1　会员制营销体系建立的基本流程

2. 会员制规划需要考虑的十个主要问题

（1）我们的产品（服务）是否有竞争力，是否对客户产生价值，是否能满足客户的期望？

（2）推行会员制的根本目的是什么？

（3）会员制的目标人群为哪些？

（4）采取哪种方式？

（5）打算为会员提供哪些利益？

（6）有长期的财务考虑吗？

（7）如何构建沟通平台？

（8）建立数据库要哪些数据？如何去分析这些数据？

（9）公司组织安排好了吗？谁对谁负责，谁向谁汇报？

（10）如何去衡量一个会员制体系是否成功？

3. 会员制营销方案的制订要领

具体的会员制制订工作要从以下几方面着手：

（1）根据网店的品牌定位和战略定位，制定科学的会员体系。市场日趋成熟，竞争日益激烈，网店的竞争策略应该由原来的价格战和广告战转变为服务战、增值战，会员制营销就是最好的体现。通过会员平台，可创造与顾客联系、沟通、参与及感动客户、软性宣传等机会，让客户养成品牌习惯和依赖，进而产生品牌归属感。

会员制销售是一个全面、综合的营销活动。网店管理者必须清楚地认识到，会员的加入仅仅是个开始，能否让会员投身进来、主动参与才是根本。这就要求我们具有全面科学、量体裁衣、独特新奇的会员体系和增值服务。

会员制的设计一定要与网店及客户结合，如设计和制定会员类型时，可根据细分市场的顾客属性（年龄、消费级别、行业属性等），设计相应的会员类别，首先主要考虑的两个要素为心理认可度和有效阶梯形。会员制最后发展的统计图一般应为菱形，两头尖，中间大，因为中间的会员级别属于主要的会员类型，也就是最想要发展成会员的人，下面的是门槛级，上面的品牌标示级。另外，各级别之间的阶梯度关键，如果级别太密，服务、折扣、积分拉不开，体现不出优势；如果阶梯太大，会员升级难度太大，就会使会员放弃消费升级的念头。

按照心理学分析，一般高于基本心理承受线的 20％时，属于消费者愿意尝试的范围，所以，心理认可度和有效阶梯形的两个要素在会员类型设计时就很关键。例如，一个美容院的消费金额最多为 4 000 元左右，该美容院按照储值金额 1 000（9.5 折）、2 000（9 折）、4 000（8.5 折）、8 000（8 折）、10 000（7.5 折）、12 000（7 折）设计了 6 个级别，企业发现会员体系总是发展缓慢，究其原因就是在会员设置上出了问题，没有考虑到上述两个关键点。如果将会员级别调整成 2 000（9 折）、5 000（8 折）、8 000（7 折），会员体系会迅速扩大，效益将大大提高。

（2）做好连续性的会员增值服务。有些品牌在增值服务中也想了很多新奇点子，如生辰俱乐部、血型座谈、亲子教育、家庭竞赛、妈妈秀等，但是很多活动没有全盘计划，经常临时通知，会员感觉不到系统性，没有稳定感和自我把控感，使活动的参与性和关注点大打折扣。

在设计主题活动时应该环环相扣，不仅围绕网店，更应该使各个活动之间有所关联，让会员参加本次活动时就对下次活动产生期望。

（3）增强会员活动的参与性。会员活动不是表演秀，而是一种情感体验和营销的升华，所以，其活动要注重参与性，有时候用大牌明星演出还不及会员拓展的效果。很多会员希望网店交易平台也是一个交友平台，我们的责任就是搭建和维护这个平台。

（4）让会员的增值更加量化。会员的增值活动不仅要做，更重要的是让增值量化，从而产生消费。例如，很多人都有超市会员卡，但是很少去刷，因为在会员心目中，这个积分返还太远，也太虚。所以，网店应该将自身设定的会员增值服务定期量化给会员，让会员的消费历史更明晰、消费目标更明确、消费心理更踏实。

（5）建立完善的客户关系管理（CRM）体系。建立完善的CRM系统是网店进行顾客管理、个性化服务、营销设计的关键。网店需要建立详细的会员信息库，包括消费者的性别、年龄、职业、月平均收入、性格偏好、受教育程度、居住范围等，还要包括消费记录，并且将会员此次消费商品的品牌、型号、价格、数量、消费时间等信息都记录下来，为网店以后的增值服务提供可靠的信息。

网店也可以根据会员的消费历史记录进行分析，得出每位消费者不同的消费偏好，根据消费者消费时间的记录，分析消费者消费某一商品的周期。由此，网店可以在合适的时间给会员寄去符合其消费个性的商品目录，进行广告宣传，或者直接在合适的时间将某种商品送到合适的会员手中。这样可以让消费者感到网店时时刻刻都在关心消费者，真正建立起消费者与企业之间的感情。同时，这些数据也是网店进行新品开发、广告策划、营销策划、客户分析的关键依据。

（6）战略联盟，升级会员体系。现如今，激烈竞争的市场不是你争我抢，而已经进入了共享和合作的时代。现在消费者手中拥有多种名目的会员卡，给消费者的消费带来了很多不便之处。假如将不同行业的网店会员卡合并起来，为会员提供服务，会员只要是其中一家网店的会员就可以使会员卡在不同行业的指定公司享受会员服务，不仅会员方便，还能减少网店会员投资，使会员资源得以扩充。合并会员卡系统，可以使多个网店共享市场、共享消费者。

（7）平台化策略。不同企业的会员制度是不同，同一个企业的会员制度也可能变化，为了适应这种多变性，可采用平台化策略：①以会员价值为管理要素管理会员的核心价值，为企业创造利润；②以积分量化会员价值，直观反映会员贡献；③自定义企业的会员价值量化模型，支持量化项目、量化参数自定义，为会员制度的制定和更新提供全方位支持；④对会员支付、会员消费进行划分，对现结、预付费等多种形式统一处理，支持企业业务多样化。

四、加快发展农村电子商务服务的有效对策及建议

1. 加快信息基础设施建设

政府应加大对农村信息基础设施的建设力度，利用互联网、移动通信、广播电视、电话等多种通信手段，建立起覆盖郊区县、乡镇、村的农村电商客服基本信息网络。建立各级信息咨询服务机构，引导和培训农民使用各类信息设施，掌握电子商务客户服务的各项技能和规范。

2. 建设高质量的农村电商客服平台

建设农村电商客服平台，为农业产业化整体发展保驾护航，提供大量的多元化信息服务以保证农村电商客服的顺利进行，为农业生产者、经营者、管理者提供及时、准确、完整的农业产业化资源及市场、生产、政策法规、实用科技、人才、减灾防灾等信息；同

时，为企业和农户提供网上交易的平台，支持 B2B、B2C、C2C 等多种交易模式，降低企业和农户从事电子商务的资金门槛，培育、扶持农村电商客服的企业流线化产业模式。

3. 建立农村电商客服的信息服务体系

逐步建立农村信息服务体系，为农村电子商务提供广阔的发展空间和完整的产业链。开展农村信息化知识培训，培养信息人才，充分利用计算机网络的优势，结合其他通信手段，大力实施远程教育，不断提高劳动者素质，强化农民信息意识，培养高素质的新型农民。另外，还应把懂业务的各种专业人才充实到农村信息化队伍中来，形成一支结构合理、素质良好的为农村提供信息服务的队伍。

案例 8-1

丹东东港市素有"国际草莓之乡"的美称，这里的草莓不仅个儿大均匀且味甜适口、果肉细腻爽滑，可在每年"五一"左右供游人观赏采摘。同时，东港当地自有民办企业——广天食品有限公司自主加工即食的鲜草莓罐头产品已在 2007 年享誉省内外，占据大量国内水果类罐头产品市场。到了 2009 年，广天食品有限公司逐渐开启了线上宣传、推广和营销，先从本地周边的村镇准客户开始前期的市场调研和产品宣传，后又开始线上促销宣传和客户订单生成，以及售后的及时回访和业务改进。在产品线上销售初期模式基本稳定后，广天公司逐渐将线上销售的触角伸向全国各地，甚至接到了东南亚一些国家的水果罐头订单。

在村镇范围内实行农村电商的营运进程，其实在某种程度上就是一个栽梧桐的过程，有梧桐才能引来凤凰。东港的"梧桐工程"全力打造区域电商服务中心，帮助电商企业做好配套客户服务，让电商企业顺利孵化、成长壮大，这是东港农村电商客服的最大特点。

农村电商客服中心具备四大功能：主体（政府部门、企业经销商、客户）培育、孵化支撑、平台建设、营运推广，承担了政府、网商、供销商、电商平台、客服终端等参与各方的资源及需求转化，促进区域电商生态健康发展。

东港的建设模式为"政府投入、企业运营、市场引入、客户导向"，把政府服务与市场效率有效结合，吸引大量人才和电商主体回流，进而建立完善的农村电商营销脉络和健全的客户服务体系。

案例思考：

1. 农村电商客服工作中的哪一环节对于东港的电商营运最为重要？

2. 作为一名合格的售后客服工作人员，应在东港的农村电商实践工作中掌握哪些基本专业要领？

3. 东港市农村电商客服工作具有怎样的地方特色？

复习思考题

1. 如何做好网店售前的客户服务工作？

2. 网店售后的客户服务工作需要注意哪些关键问题？

3. 客服专员处理售后问题时的常见误区有哪些？

4. 如何有效开展网店客服人员的培训工作？

5. 实现与网店客户有效沟通的基本方法是什么？

模块九 电子商务支付与资金安全

[引例]

早在第二次世界大战前，英国的企业之间以及商家和消费者之间已经利用电话进行交易洽谈和订购商品了，这是早期的电子商务形式。但是这种购物形式在当时并没有继续发展壮大，除了非经济因素外，支付渠道单一是制约当时电子商务进一步发展的重要因素之一。20世纪初，互联网的发展和完善使电子商务发展的技术条件更加成熟。在业内人士看来，在当时，物流是制约电子商务发展的唯一因素，但实际上在发达国家和发展中国家的发达地区，物流业已取得了较快速度的发展。

在中国，淘宝网被视为电子商务的代表。淘宝之所以能够迅速成长为广大消费者和商家信赖的电子商务平台，与支付宝的使用密不可分。比淘宝诞生更早的电子商务平台有很多，如卓越网、易趣网等，但这些电商发展至今早已被淘宝超越。究其原因，很大程度上是由于阿里巴巴不失时机地在淘宝诞生后的第二年成立了支付平台，使淘宝取得快速、稳步的发展。支付宝是典型的"互联网＋"支付新平台，开了"互联网＋"传统产业的先河。

目前，我国大部分农村已具备电子支付的基础条件，在电子商务发展较快的农村地区，年轻的"80后"和"90后"农民已掌握支付宝、微信支付等电子商务支付工具的基本操作方法。如何培养现代农民良好的支付习惯，并使其掌握支付安全和保护资金安全的方法是当务之急。

任务一　电子商务支付

一、电子商务、电子交易与电子支付

　　商务必定引起交易，交易必将进行支付。相应地，在数字化的网络世界里，这一关系仍然存在。

　　电子商务包含着两个方面的内容：一是电子化手段，二是商务活动。它以商务为核心，以电子为手段和工具。电子交易可理解为狭义的电子商务，它是电子商务的一个组成部分。在电子交易中，电子支付又是电子交易的核心内容之一，在交易过程中，交易双方必须通过电子支付的方式进行资金转移，并完成实物的合理配送，从而实现电子商务。只有货币运动和实物运动同时完成，交易才会成功。

　　举例来说，采购方通过电子手段向供应方提交订单，供应方接到订单后，通过企业内部网将订单分解到各个生产车间进行生产，双方通过电子支付方式进行资金转移，并完成实物的合理配送，从而实现电子商务。

　　电子支付是电子商务活动中最核心、最关键的环节。所谓电子支付，是指电子交易的当事人，包括消费者、厂商和金融机构以商用电子化设备和各类交易卡为媒介，以计算机技术和通信技术为手段，通过计算机网络系统直接或间接向银行业金融机构发出支付指令，实现货币与资金的转移。

　　电子支付的业务类型按电子支付指令发起方式分为网上支付、电话支付、移动支付、销售终端交易、自动柜员机交易和其他电子支付，其中最主要的是存在于互联网的网上支付，并且已经建立起了三种不同类型的支付系统，即预支付系统、即时支付系统和后支付系统。

1. 预支付系统

　　预支付是先付款，然后再购买产品或服务，是银行和在线商店首选的解决方案。由于要求用户预先支付，所以不需要为这些钱支付利息，而且可以在购买商品的瞬间将钱转给在线商店以防数字欺骗。预支付系统的工作方式和真实商店一样，顾客进入商店并用现金购买商品，然后才得到所需的商品。

2. 即时支付系统

即时支付系统是以交易时支付的概念为基础的，是实现起来最复杂的系统。为了即时支付，必须访问银行内部数据库，需要采用更加严格的安全措施。同时，它也是最强大的系统，是"在线支付"的基本模式。

3. 后支付系统

后支付系统允许用户购买商品后再付款。信用卡是一种最普遍的后支付系统，但安全性低。与信用卡相比，借记卡相对比较安全，因为它要求顾客证实是卡的真实持有者，但相关的费用较高。

电子支付是交易双方实现各自交易目的的重要一步，也是电子商务得以进行的基础条件。没有它，电子商务只能是一种电子商情或电子合同，而离开电子商务的电子支付又会变成单纯的金融支付手段。因此，只有把电子商务和电子支付相结合，才能形成完整的电子商务过程。

二、常用的电子支付工具

传统交易的支付主要以货币为支付手段。传统货币主要有纸币和金属硬币，并且以纸币支付为主，围绕传统货币的支付方式还有支票、汇票、银行转账等。电子商务以非当面交易为主，很难使用传统手段进行支付，而是普遍使用电子支付工具。电子支付工具主要有银行卡、智能卡、电子钱包、微支付等。

（一）银行卡

银行卡是由商业银行等金融机构及邮政储蓄机构向社会发行的

具有消费信用转账结算、存取现金等全部或部分功能的信用支付工具。因为银行卡都是塑料制成的，又用于存取款和转账支付，所以又称为塑料货币。银行卡的大小一般为 85.6 毫米×53.98 毫米，也有比普通卡小 43% 的迷你卡和形状不规则的异型卡。银行卡包括借记卡和信用卡两种。

1. 借记卡

借记卡是指先存款后消费，没有透支功能的银行卡。借记卡具有转账结算、存取现金、购物消费等功能，按其功能的不同可分为转账卡（储蓄卡）、专用卡及储值卡。

（1）转账卡（储蓄卡）。转账卡（储蓄卡）具有转账、存取现金和消费等功能。

（2）专用卡。专用卡是具有专门用途、在特定区域使用的借记卡，具有转账和存取现金的功能。

（3）储值卡。储值卡是银行根据持卡人要求，将资金转至卡内，储存交易时直接从卡内扣款的预付卡。

2. 信用卡

信用卡是银行向个人和单位发行的，印有发行卡银行名称、有效期号码、持卡人姓名等，背面有芯片、磁条、签名条。信用卡由银行和信用卡公司依照用户的信用度和财力发给持卡人，持卡人持信用卡消费时，无须支付现金，待账单日时再进行还款。刷卡消费享有免息期，在还款日前还清账单金额，不会产生费用。取现无免息还款期，从取现当天收取万分之五的日息，银行还会收取一定比例的取现手续费。

根据清偿方式的不同，信用卡可分为贷记卡和准贷记卡。贷记卡是指发卡银行给予持卡人一定的信用额度，持卡人可在信用额度内先消费后还款的信用卡。准贷记卡是持卡人先按银行要求交存一定金额的备用金，当备用金不足支付时，可在发卡银行规定的信用卡额度内透支的信用卡。

我们日常经常使用的信用卡是贷记卡。常见的信用卡按不同标准可做如下分类：

（1）按发卡机构不同，可分为银行卡和非银行卡。银行卡是指银行发行的信用卡，持卡人可在发卡银行的特约商户购物消费，也可以在发卡行所有的分支机构或设有自动柜员机的地方随时提取现金。非银行卡是非银行机构发行的信用卡，分为零售信用卡和旅游娱乐卡。零售信用卡是商业机构发行的，如百货公司、石油公司等，专用于在指定商店购物或在汽车站加油等，并定期结账。旅游娱乐卡是服务业发行的信用卡，如航空公司、旅游公司等，用于购票、用餐、住宿、娱乐等。

（2）按发卡对象不同，可分为公司卡和个人卡。公司卡的发行对象为各类工商企业、科研教育等事业单位，国家党政机关、部队、团体等法人组织。个人卡的发行对象则为城乡居民个人，包括工人、干部、教师、科技工作者、个体经营户以及其他成年的、有稳定收入来源的城乡居民。个人卡以个人名义申领并由其承担用卡的一切责任。

（3）根据持卡人的信誉、地位等资信情况的不同，可分为普通卡和金卡。普通卡是对经济实力和信誉、地位一般的持卡人发行的，对持卡人要求不高。金卡是一种缴纳高额会费、享受特别待遇的高级信用卡，发卡对象为信用度较高、偿还能力及信用较强或有一定社会地位者。金卡的授权限额起点较高，附加服务项目及范围也宽很多，因而对有关服务费用和担保金的要求也比较高。

（4）根据信用卡流通范围的不同，可分为国际卡和地区卡。国际卡是一种可以在发行国之外使用的信用卡，全球通用。全球知名的国际卡有万事达卡（Master Card）、维萨卡（VISA Card）、运通卡（American Express Card）、JCB卡（JCB Card）和大莱卡（Diners Club Card）。地区卡是一种只能在发行国国内或一定区域内使用的信用卡。我国商业银行所发行的各类信用卡大多为地区卡。

（二）智能卡

智能卡是在塑料卡上安装嵌入式微型控制器芯片的IC卡，也称集成电路卡，通常人们称之为芯片卡。早期，智能卡只用于 IC 电话卡，因智能卡制作成本高等原因，长期以来推广受阻。近年，因磁条银行卡安全性较差，使得智能卡受到重视。目前，全国各银行全面开始用智能芯片卡取代磁条卡，今后银行卡都将换为智能卡。

■ （三）电子钱包

1. 什么是电子钱包

电子钱包是电子商务活动中顾客购物常用的一种支付工具，是在小额购物或购买小商品时常用的新式钱包。

电子钱包的功能和实际钱包一样，可存放信用卡、电子现金、所有者的身份证、所有者地址以及在电子商务网站的收款台上所需的其他信息。

2. 电子钱包的工作原理

使用电子钱包的顾客通常要在有关银行开立账户，在使用前需安装相应的电子钱包软件，然后利用电子钱包服务系统把电子货币输进电子钱包。在发生收付款时，用户只需单击电子钱包软件的相应选项即可完成支付。因此，采用电子钱包支付的方式也称为单击式或点击式支付。

3. 常用的电子钱包

（1）支付宝钱包。支付宝是国内领先的移动支付平台，内置余额宝及海外到店买、阿里旅行、天猫超市等链接，还支持发红包、转账、购买机票和火车票、生活缴费、滴滴打车出行、购买电影票、收款、手机充值、预约寄快递、信用卡还款、购买彩票、爱心捐赠、点外卖、加油卡充值、话费卡转让、校园一卡通充值、城市服务、股票查询以及汇率换算等功能。手机支付宝操作界面如图9-1 所示。

（2）QQ 钱包。QQ 钱包使用卡包的形式，方便用户管理自己的 Q 币、财付通账号、银行卡，同时沿用财付通体系的支付密码，用户可选择最便捷的方式进行移动支付。用户可以通过 QQ 钱包为手机进行充值、购买电影票，以及购买 QQ 会员、QQ 阅读、QQ 游戏等。QQ 钱包操作界面如图 9-2 所示。

图 9-1　支付宝操作界面　　　　图 9-2　QQ 钱包操作界面

（四）微支付

微支付是指在互联网上进行的小额资金支付（单笔交易金额小于 10 美元）。这种支付机制有特殊的系统要求，在满足一定安全性的前提下，对速度和效率要求比较高。现在常说的微支付，主要是指微信支付。

微信支付是集成在微信客户端的支付功能，用户可以通过手机完成快速的支付流程。微信支付以绑定银行卡的快捷支付为基础，向用户提供安全、快捷、高效的支付服务。

2016 年 3 月 1 日，微信提现开始收取手续费，每位用户（以身份证维度）享有 1 000 元免费提现额度，超出 1 000 元后，按提现金额收取 0.1% 的手续费，每笔最少收 0.1 元。提现以外的任何支付、转账、红包等，微信支付都不收取任何费用。

（五）代币

代币是由公司而不是政府发行的数字现金。代币不同于电子货币，许多代币不能兑换成现金，只能用于交换代币发行公司所提供的商品或服务。最常见的代币有腾讯的 Q 币、百度的百度币等。

Q 币是由腾讯推出的一种虚拟货币，可以用于支付 QQ 行号码、QQ 会员服务等，Q 币可以通过购买 QQ 卡、电话充值、银行卡充值、网络充值、电话充值卡和一卡通充值卡等方式获得。百度币是百度公司针对个人用户在互联网上消费而推出的唯一虚拟货币，在消费过程中，1 百度币价值 1 元人民币，可以用于购买百度公司的各种互联网产品和为网络游戏充值，可通过百付宝、百度币卡、神州行卡、联通充值卡、电信充值卡、网上银行、第三方支付账号七大类充值方式获得。

任务二　第三方支付

一、第三方支付的定义

第三方支付是指和国内外各大银行签约，并具备一定实力和信誉保障的第三方独立机构提供的交易支持平台。

二、常用的第三方支付平台

（一）国内知名的第三方支付平台

1. 支付宝

支付宝（中国）网络技术有限公司是国内领先的独立第三方支

付平台，由阿里巴巴集团于 2004 年 12 月创办。支付宝致力于为中国电子商务提供"简单、安全、快速"的在线支付解决方案。支付宝公司始终以"信任"作为产品和服务的核心，不仅从产品上确保消费者在线支付的安全，同时让消费者通过支付宝在网络间建立起信任，为建立纯净的互联网环境迈出了非常有意义的一步。

蚂蚁金融服务集团是浙江阿里巴巴电子商务有限公司的子公司，成立于 2014 年 10 月 16 日，是支付宝的母公司。阿里小微金融服务集团以蚂蚁金融服务集团的名义成立，旗下业务包括支付宝、支付宝钱包、余额宝、招财宝、蚂蚁小贷和网商银行等。2015 年 2 月 11 日，阿里巴巴和蚂蚁金服联合宣布，已完成两家公司之间关系的重组。

（1）支付宝的"担保交易服务"原理。支付宝"担保交易服务"的原理为：买家下单后，付款到支付宝，在订单交易状况显示"买家已付款"后，卖家发货，买家收到货后，检查无误，确认收货，输入支付密码，支付宝再将钱款打给卖家。在整个交易中，支付宝是可信赖的第三方，买家、卖家都对支付宝有充分的信任，卖家愿意在自己没收到钱的情况下发货，买家愿意在没收货情况下付款。

（2）余额宝。余额宝于 2013 年 6 月上市，是蚂蚁金服旗下余额增值服务和活期资金管理服务平台。余额宝对接的是天弘基金旗下的增利宝货币基金，特点是操作简便、低门槛、零手续费、可随取随用。除理财功能外，余额宝还可直接用于购物、转账、缴费还款等消费支付，是移动互联网时代的现金管理工具。目前，余额宝依然是中国规模最大的货币基金。

（3）蚂蚁花呗、蚂蚁借呗。蚂蚁花呗是蚂蚁金服推出的一款消费信贷产品，申请开通后，将获得 500～5 000 元不等的消费额度。用户在消费时，可以预支蚂蚁花呗的额度，享受"先消费，后付款"的购物体验，免息期最长可达 41 天。除了"这月买，下月还，超长免息"的消费体验，蚂蚁花呗还推出了花呗分期功能，消费者可以分 3、6、9、12 个月进行还款。用户需要将已经产生的花呗账单在还款日还清，到期当天，系统依次自动扣除支付宝账户余额、余额宝（需开通余额宝代扣功能）、借记卡快捷支付（含卡通）用于还款已出账单未还部分，也可以主动进行还款。如果过期不还，每天将收取万分之五的逾期费。

蚂蚁花呗与蚂蚁借呗提供了针对淘宝会员购买力不足的解决方案，方便用户周转资金，充分提高了资金的利用率，提升了用户的购物体验，同时有效提升了商家的成交转化率（图9-3，图9-4）。

图9-3 蚂蚁花呗操作界面   图9-4 蚂蚁借呗操作界面

2. 财付通

财付通（tenpay）是腾讯公司于2005年9月正式推出的专业在线支付平台，其核心业务是帮助在互联网上进行交易的双方完成支付和收款，致力于为互联网用户和企业提供安全、健康、专业的在线支付服务。个人用户注册财付通后，即可在拍拍网及20多万家购物网站轻松购物。财付通支持全国各大银行的网银支付，用户也可以先充值到财付通，享受更加便捷的财付通余额支付体验。财付通提供充值、提现、支付、交易管理、信用卡还款、"财付券"服务、生活缴费、彩票购买等业务。

如果用户玩的是腾讯旗下的网游，那么在用户出售游戏装备、游戏币的时候，可以通过财付通里的虚拟物品中介保护交易来进行操作，买卖双方通过电子邮件通知进行付款、发货的操作。如果在买卖中用户被骗，用户可以直接联系财付通客服进行投诉，客服会去游戏中调查买卖双方的游戏后台交易数据，只要双方确实在游戏中交易过，游戏后台有交易记录，那么客服就会帮助受害者找回游戏装备。

3. 汇付天下

汇付天下于 2006 年 7 月成立，总部设于上海，核心团队由中国金融行业资深管理人士组成。汇付天下定位于金融级电子支付专家，与国内商业银行及国际银行卡组织均建立了合作关系，聚焦金融支付和产业链支付两大方向，核心竞争力是为行业客户快速准确定制支付解决方案，创新研发电子支付服务产品，推动各行业电子商务的发展。

汇付天下和支付宝都是国内领先的支付公司，但两者的发展模式不同。汇付天下专注于做金融级电子支付专家，深耕行业；支付宝依托淘宝的强大平台，注重个人客户业务。

目前，汇付天下已服务于基金行业、航空票务、商务流通、数字娱乐等万余家行业客户，如华夏基金管理公司、中国国际航空、中国南方航空、中国东方航空、网易、中国平安保险集团、联想集团、苏宁易购、携程和 12580 等。

（二）国外知名的第三方支付平台——PayPal

PayPal 是美国 eBay 公司的全资子公司，于 1998 年 12 月由 Peter Thiel 及 Max Levchin 建立，是全球最大的第三方平台。PayPal 允许在使用电子邮件来标识身份的用户之间转移资金，避免了传统邮寄支票或者汇款的方法。PayPal 也和一些电子商务网站合作，成为它们的货款支付方式之一。但是用这种支付方式转账时，PayPal 会收取一定数额的手续费。

PayPal 是目前全球使用最为广泛的网上交易工具，它能帮助客户进行便捷的外贸收款、提现与交易跟踪，从事安全的国际采购与消费，快捷支付并接收包括美元、加元、欧元、英镑、澳元和日元等 24 种国际主要流通货币。

1. PayPal 与支付宝的共同点

（1）都是第三方资金中介，提供对货款的担保。

（2）开户与付款都是免费的。

（3）都要求实名制，没有认证过的用户都有使用限制。

2. PayPal 与支付宝的区别

（1）PayPal 是全球性的，支持 24 种国际主要流通货币；而支付宝主要在中国使用，用人民币结算，2017 年开始开辟国际市场。

（2）PayPal 对会员分等级，高级和企业账户收取手续费，利益也更有保障；而支付宝没有此类等级之分。

三、我国第三方支付市场发展状况

根据中国互联网络信息中心近日发布的第 39 次《中国互联网络发展状况统计报告》，截至 2016 年 12 月，我国使用网上支付的用户规模达 4.75 亿人，较 2015 年 12 月增加 5 831 万人，年增长率为 14.0%，我国网民使用网上支付的比例从 60.5% 提升至 64.9%。其中，手机支付用户规模增长迅速，达 4.69 亿人，年增长率为 31.2%，网民手机网上支付的使用比例由 57.7% 提升至 67.5%。

2017 年第一季度，中国第三方移动支付交易市场规模达到 22.7 万亿元，同比增长 113.4%，而支付宝的份额同比增长 2.2%，目前已经达到了 54%；另一方面，腾讯旗下的财付通涨幅为 1.7%，达到 40%。财付通包含微信支付，总体来看，支付宝的优势仍然比较明显，而支付宝和财付通合计占据了国内移动支付市场 94% 的份额。

任务三　移动支付

一、什么是移动支付

移动支付也称手机支付，是指交易双方为了某种货物或者服务，以移动终端设备为载体，通过移动通信网络实现商业交易。移动支付所使用的移动终端可以是手机、平板电脑、移动电脑等，随着科学技术进步和电子产品的更新，移动支付终端种类将越来越丰富。移动支付将终端设备、互联网、应用提供商以及金融机构相融合，为用户提供货币支付、缴费等金融服务。

二、移动支付的分类

移动支付主要分为近场支付和远程支付两种。

1. 近场支付

近场支付是指消费者在购买商品或服务时，及时通过手机向商家进行支付，支付的处理在现场进行，使用手机射频（NFC）、红外、蓝牙等通道，实现与自动售货机以及POS机的本地通讯。

2. 远程支付

远程支付是指通过发送指令（如网银、电话银行、手机支付等）或借助支付工具（如通过邮寄、汇款）进行的支付。

三、通信运营商移动支付

通信运营商移动支付在城乡通信费支付中发挥着重要作用。在移动支付出现之前，广大农民交通信费要跑到县城或乡镇的交费点，而通信运营商移动支付推出后，农民不再需要再到城镇交费。

1. 中国联通沃支付

沃支付是中国联通支付有限公司的支付品牌，致力于为用户和商户提供安全快速的网上支付、手机支付以及水电煤缴费、彩票、转账等生活服务应用。

沃支付手机钱包业务是中国联通联合多家银行、公交一卡通公司等合作伙伴推出的一项综合型支付业务。手机钱包利用联通SWP卡的安全控件，通过客户端下载、预置、营业厅写卡等多种渠道将合作伙伴的多种卡应用加载到联通SWP卡中，使联通手机既支持原有通信功能又支持"刷"手机消费、乘车的功能。

2. 中国移动和包支付

2013 年 12 月 18 日，中国移动依托近距离无线通讯技术（NFC）推出的手机钱包业务取名为"和包"。中国移动"和包"是中国移动为个人和企业客户提供的一项领先的综合性移动支付业务，用户开通"和包"业务后，即享线上支付（互联网购物、充话费、生活缴费等）；持 NFC 手机和 NFC-SIM 卡的用户，可享"和包"刷卡功能，把银行卡、公交卡、会员卡装进手机里，实现特约商家（便利店、商场、公交、地铁等）的线下消费。

3. 中国电信翼支付

翼支付是中国电信为消费者提供的综合性支付服务。消费者申请翼支付业务后，将获得内置翼支付账户和本地市政公交一卡通电子钱包的翼支付卡，消费者不但可以申请使用翼支付账户进行远程和近场支付，将钱存在翼支付卡上内置的市政公交或城市一卡通电子钱包后，还可以使用手机在本地市政公交一卡通或城市一卡通覆盖领域进行现场刷手机消费，在公交、地铁、出租车、特约商户（如超市、商场）等场所使用。

任务四　网上银行

一、网上银行的定义

网上银行又称网络银行、在线银行，是指基于互联网平台开展和提供各种金融服务的新型银行机构与服务形式。银行利用互联网技术，向客户提供开户、查询、对账、行内转账、跨行转账、信贷、网上证券、投资理财等传统服务项目，使客户足不出户就能够安全便捷地管理活期和定期存款、支票、信用卡及个人投资等。网上银行是互联网上虚拟的银行柜台，又被称为"3A 银行"，因为它不受时间、空间限制，能够在任何时间、任何地点，以任何方式为客户提供金融服务。

二、网上银行的类型

根据是否有实体营业网点，网上银行可以分为两类，一类是完全依赖于互联网的无形的电子银行，即完全基于互联网的银行，也称虚拟银行；另一类是在现有传统银行的基础上利用互联网开展传统银行的业务，即传统银行的网上服务。

1. 虚拟银行

虚拟银行即没有实际的物理柜台作为支持的网上银行。这种网上银行一般只有一个办公地址，没有分支机构，也没有营业网点，采用国际互联网等高科技服务手段与客户建立密切的联系，提供全方位的金融服务。以美国安全第一网上银行为例，它成立于 1995 年 10 月，是在美国成立的第一家无营业网点的虚拟网上银行，其营业厅就是网页画面。当时银行的员工只有 19 人，主要工作是对网络的维护和管理。

2. 传统银行的网上服务

传统银行利用互联网作为新的服务手段为客户提供在线服务，实际上是传统银行服务在互联网上的延伸，这是网上银行存在的主要形式，也是绝大多数商业银行采取的网上银行发展模式。

1996 年，我国只有一家银行通过国际互联网向社会提供银行服务，到 2002 年年底，在互联网上设立网站的中资银行占中国现有各类银行的 27%。网上银行以其低廉的成本和广阔的前景越来越受到人们的重视。

三、网上银行的特点

1. 全面实现无纸化交易

以前使用的票据和单据大部分被电子支票、电子汇票和电子收据所代替。原有的纸币被电子货币即电子现金、电子钱包、电子信用卡所代替。原有纸质文件的邮寄变为通过数据通信网络进行传送。

2. 服务方便快捷、高效、可靠

通过网络银行，用户可以享受到方便、快捷、高效和可靠的全方位服务，不受时间、地域的限制。

3. 经营成本低廉

网络银行采用了虚拟现实信息处理技术，可以在保证原有业务量不降低的前提下，减少营业网点的数量。同时，用户通过网上银行自助操作可以为银行节省大量的运营费用。银行可以通过降低操作手续费鼓励用户进行自助操作。

4. 简单易用

会上网、掌握计算机简单操作的用户都可以无门槛地操作网上银行，无需经过专门培训。因此，网上银行的使用易于广泛普及。

四、网上银行的优势

1. 大幅降低银行经营成本，有效提高银行的盈利能力

开办网上银行业务主要利用公共网络资源，不需设置物理的分支机构或营业网点，减少了人员费用，提高了银行后台系统的效率。

2. 无时空限制，有利于扩大客户群体

网上银行业务打破了传统银行业务的地域、时间限制，能在任何时候、任何地方，以任何方式为客户提供金融服务，这既有利于吸引和保留优质客户，又能主动扩大客户群，开辟新的利润来源。

3. 有利于服务创新，向客户提供多种类、个性化的服务

通过银行营业网点销售保险、证券和基金等金融产品，往往受到很大限制，这主要是由于一般的营业网点难以为客户提供详细、低成本的信息咨询服务。利用互联网和银行支付系统，容易满足客户咨询、购买和交易多种金融产品的需求，客户除办理银行业务外，还可以很方便地在网上买卖股票、债券等。网上银行能够为客户提供更加个性化的金融服务。

五、网上银行的业务种类

网上银行的业务种类主要包括基本业务、网上投资、网上购物、个人理财助理、企业银行及其他金融服务。

1. 基本业务

商业银行提供的基本网上银行服务包括在线查询账户余额、交易记录，下载数据，转账和网上支付等，且网上转账和网上支付都是即时到账的。

2. 网上投资

由于金融服务市场发达，可以投资的金融产品种类众多，国外的网上银行一般提供包括股票、基金、期权等多种金融产品服务。

3. 网上购物

商业银行网上银行设立的网上购物平台极大方便了客户的网上购物，加强了商业银行在传统竞争领域的竞争优势。各大商业银行设立的网上购物平台的商品相对质量可靠、物有所值，是网络购物的可信之选（图 9-5）。

4. 个人理财助理

个人理财助理是国外网上银行重点发展的一个服务品种。各大银行将传统银行业务中的理财助理转移到网上进行，通过网络为客户提供理财的各种解决方案和咨询建议，或者提供金融服务技术的援助，极大地扩大了商业银行的服务范围，降低了相关的服务成本（图 9-6）。

图 9-5　交通银行的网购平台——买单吧

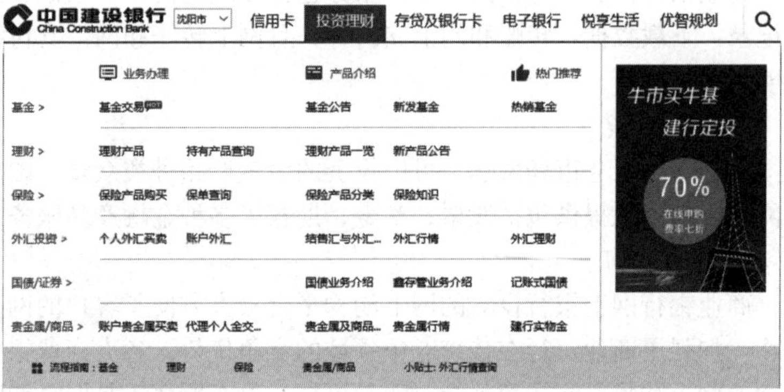

图 9-6　中国建设银行网站的投资理财

5. 企业银行

企业银行服务是网上银行服务中最重要的部分之一，其服务品种比个人客户的服务品种更多，也更为复杂，对相关技术的要求也更高，所以，能够为企业提供网上银行服务是商业银行实力的象征之一。

企业银行服务一般提供账户余额查询、交易记录查询、总账户与分账户管理、转账、在线支付各种费用、透支保护、储蓄账户与支票账户资金自动划拨、商业信用卡等服务，部分网上银行还为企业提供网上贷款业务。

6. 其他金融服务

除银行服务外，大商业银行的网上银行均通过自身或与其他金融服务网站联合的方式为客户提供多种金融服务产品，如保险、抵押和按揭等，以扩大网上银行的服务范围。

六、网上银行支付常用的安全技术

1. 文件数字证书

最初，只要用户在电脑上安装数字证书就可以证明自己是银行账户的拥有者，操作账户中的钱款。但仅有数字证书就可以转账明显存在极大的安全隐患，因为黑客也可能会窃取用户的数字证书假冒用户的身份。文件数字证书是网络银行支付安全的最基础保障，是使用网络银行支付的必备安全工具。

2. 动态口令

针对文件数字证书存在的安全隐患，银行推出了动态口令卡。用户在电脑上安装文件数字证书的同时，还必须去银行柜台申领一张动态口令卡，每次转账时回答网银系统询问的动态口令，回答正确即可证明自己是银行账户的拥有者，从而操作银行账户中的钱款。由于黑客无法获得动态口令卡，从而确保了账户资金安全（图9-7）。

3. 动态手机口令

当用户登录网上银行或微信银行时，系统会自动发送一条手机短信，告知用户验证码，验证码十分钟内有效，正确回答验证码，即可证明自己是银行账户的拥有者，操作银行账户中钱款，从而确保账户资金安全。不过，近期媒体曝光不法分子可通过技术手段截获短信验证码，所以，动态手机口令并不是万无一失的安全措施。

4. 移动口令牌

当用户登录网上银行时，操作界面会提示输入一串移动口令，

电子银行口令卡正面   电子银行口令卡背面

图 9-7   中国工商银行网上银行的动态口令卡

此时可以打开移动口令牌，输入口令牌上显示的一串数字。回答正确移动口令，即可证明自己是银行账户的拥有者，操作银行账户中的钱款。同样，由于黑客没有用户的移动口令牌，无法获知移动口令，从而可确保账户资金安全（图 9-8）。

图 9-8   中国银行的移动口令牌

5. 移动数字证书

移动数字证书是把数字证书写进硬件并加密不可改写，因其外形像 U 盘，功能是防御不法分子窃取账号资金，所以也称 U 盾，英文名称为 Ukey。当用户登录网上银行进行转账、支付操作时，操作界面会提示用户插入 U 盾，而移动数字证书内置于 U 盾中，不可导出，即插即用。同时，U 盾是用户随身携带的，一旦插入

U 盾即可显示出用户的数字证书，从而证明用户的合法身份，操作银行账户中的钱款。而一旦拔出 U 盾，不会在电脑中遗留数字证书，从而确保黑客无法窃取用户的数字证书。同样，由于黑客没有用户的 U 盾，就无法使用 U 盾内置的数字证书仿冒用户身份，从而确保了账户资金的安全（图 9-9）。

图 9-9　中国建设银行的 U 盾

上述五种支付安全技术在网络银行支付安全方面起着保驾护航的作用，只有装配上述安全工具才能保证账户安全和资金安全。其中，文件数字证书和动态手机口令必备，动态口令、移动口令牌和移动数字证书根据银行的不同而有所不同。我们在申请网上银行服务的同时，应把银行所提供的全部安全工具配置好，具体安装配置方法和使用程序可在办理网上银行业务时向银行工作人员咨询。

任务五　电话银行、手机银行和微银行

一、电话银行

1. 电话银行

电话银行通过电话网络与银行网络系统的紧密联结，使用户不必去银行，且无论何时何地，只要通过拨通电话银行的专用电话服务号码，就能够得到电话银行提供的各种服务，如往来交易查询、申请技术、利率查询等，可使银行提高服务质量、增加客户数量，为银行带来更好的经济效益。电话银行是基于语音的银行服务。

2. 电话银行提供的服务内容

电话银行的服务内容包括客户账户余额查询、账户往来明细及历史账目档案、大额现金提现预告、银行存贷款利率查询、银行留言、银行通知、生活缴费及其他各类指定的查询服务。

二、手机银行

1. 手机银行

手机银行也称移动银行，与电话银行业务类似，利用移动通信网络及终端办理相关银行业务。移动银行业务不仅可以使人们在任何时间、任何地点处理多种金融业务，而且极大地丰富了银行服务的内涵，使银行能以便利、高效而又较为安全的方式为客户提供传统和创新的服务。手机银行由手机、GSM 短信中心和银行系统构成。

2. 手机银行的操作原理

手机银行是基于短信的银行服务。在手机银行的操作过程中，用户通过 SIM 卡上的菜单对银行发出指令后，SIM 卡根据用户指令生成规定格式的短信并加密，然后指示手机向 GSM 网络发出短信；GSM 短信系统收到短信后，按相应的应用或地址传给相应的银行系统，银行对短信进行预处理，再把指令转换成主机系统格式；银行主机处理用户请求，并把结果返回给银行接口系统，接口系统将处理的结果转换成短信格式，然后短信中心再将短信发给用户。

3. 与电话银行相比，手机银行的优点

通过电话银行进行的业务都可以通过手机银行实现，手机银行还可以完成电话银行无法实现的二次交易。比如，银行可以代用户缴付电话、水、电等费用，但在划转前一般要经过用户确认。由于手机银行采用短信息的方式，用户随时开机都可以收到银行发送的信息，从而可以在任何时间与地点对划转进行确认，大大提高了银行账户的安全性。

三、微 银 行

微银行是指 2013 年 7 月 6 日新浪旗下的北京新浪支付科技有限公司推出的支付理财服务，其业务范围包括互联网支付和移动电话支付，消费者在微银行还可办理开销户、资金转账、汇款、信用卡还款等业务。目前各大银行开通的微银行即各银行的微信公众服务号（图 9-10）。

图 9-10　中国银行、中国建设银行、中国工商银行微银行

2015 年 5 月 27 日，中国银行正式推出"微银行"系列产品，并在微信、易信平台同时上线，中国银行"微银行"是中国银行构建网络银行、发力移动金融的重要举措，借助社交媒体的强大互联网入口与广泛的客户群体，持续完善微银行功能，满足客户的个性化需求，提供更高效、更快捷的金融服务与体验。

用户仅需在微信或易信平台搜索并关注"中国银行微银行"公众账号，即可实现在线信息推送、互动交流、金融服务等功能。中国银行"微银行"包含"微金融""微服务"和"微生活"三个服务模块，可实现24小时全天候的理财咨询，还可实现账单余额和明细查询及手机平台转账汇款等功能。中国银行"微银行"还计划推出在线商城。

网上银行、电话银行、手机银行、微银行丰富了银行为用户提供服务的方式，拓展了宣传推广的渠道，增强了对用户的吸引力，有利于提升用户的黏性。对用户而言，可以选择自己感兴趣的方式获取银行提供的服务，充分满足自己的个性化需求，极大提升了用户体验。

任务六　新型支付方式

一、条码支付

2011年7月1日，支付宝推出全新的手机支付产品——条码支付。条码支付是支付宝为线下实体商户提供的一种快捷、安全的现场支付解决方案，该方案为数以百计的微小商户提供无需额外设备的低成本收银服务，实现"现场购物、手机支付"。

条码支付的操作流程为：①商户计算出待收银总额；②用户登录支付宝账户，出示账户关联的二维码或者条形码；③商户用扫描枪扫描用户的二维码或条形码；④扫描后，用户手机显示是否支付的对话框，请求用户确认；⑤用户确认，双方完成交易（图9-11）。

二、扫码付

打开手机微信，点击"发现—扫一扫"，扫描收款人手机微信上收款二维码或条码，即可进入微信支付页面，输入支付密码即可完成支付。此外，也可以打开支付钱包，点击"扫一扫"，就可以识别收款方的账户信息及付款金额，输入支付密码即可完成支付。扫码付无需传统网银支付烦琐的网关跳转过程，简单快捷（图9-12）。

图 9-11　支付宝条码支付

图 9-12　用微信扫一扫功能扫码二维码支付

三、声波支付

声波支付是利用声波的传输完成两个设备的近场识别的，其具体过程是：在第三方支付产品的手机客户端中，内置有"声波支付"功能，用户打开此功能后，用手机对准收款方的麦克风，手机会播放一段"咻咻咻"的声音。

用户可以通过手机购买售货机的商品，使用时，手机播放一段超声波，售货机听到这段声波之后就会自动处理，然后用户在自己的手机上输入密码，售货机就会吐出商品。

[小链接]

浦发银行应用二维码技术转账汇款

2013 年 8 月 28 日，浦发银行推出手机智能收付款功能。

客户只需要下载浦发手机银行客户端，便可以将自己所希望收款的银行账户转化成一个独一无二的二维码，并保存在自己的手机银行、手机相册中，或转发至自己的微信。拥有了这个二维码，便相当于拥有了专属的收款名片，收款时只需要将这份特殊的收款名片出示给付款人，便可迅速实现收款。即使收款人没有浦发银行账户，也可以通过该功能将其他银行账户添加为收款账户完成收款。

四、手机银行开通的新型业务

1. 无卡取现——手机＋ATM

使用手机预约提现时，用户要先登录该行手机银行，选择"预约取款"功能，根据提示预留"预约码"，确定该预约的有效时间，然后输入取现金额、指定收款账户，并通过口令卡或电子密码器等介质进行身份认证，随后就会收到一条临时密码短信。

用户可以在自己设定的有效时间内到就近的相应银行的 ATM 上取款，取款时要输入手机号、预留的"预约码"和银行发送的临时密码等信息。

目前，该项服务单笔和日累计取现的限额分别是 1 000 元和 5 000元。

交通银行是最早推出"无卡取现"的银行，2010 年 1 月 20 日即推出了手机终端"e 动交行"，率先在全国实现 ATM 无卡取现。

广发银行也于 2011 年推出"手机银行预约取款功能"，同样是通过手机银行"预约取现"，便能在任意一台广发银行 ATM 上取到现金。现在也可通过中国银行微银行的"无卡取款"功能实现无卡取现（图 9-13）。

图 9-13　中国银行和交通银行的无卡取现功能

2. 无卡消费——手机＋POS

用户登录手机银行预约一定的消费限额，并设置预约码，消费结账时，只需在商户 POS 机上输入手机号、预约码以及银行卡的消费密码，便可实现无卡消费。

五、空 付

空付是支付宝于 2014 年推出的一种全新支付方式。通过扫描授权，赋予任何实物价值，使它具有支付能力，出示该实物，快速识别验证后，即可完成支付。走进一家便利店，身上没带钱包，也没带手机，但仍可以用已经授权了支付能力的随身物品，如戒指、鞋子或是胳膊上的文身付款，购买到想要的商品。

任务七　海淘的支付方式

一、海　淘

海淘即海外（境外）购物，是通过互联网检索海外商品信息，并通过电子订购单发出购物请求，然后填上私人信用卡号码，由海外购物网站通过国际快递发货，或是由转运公司代收货物再转寄回国。海淘的一般付款方式是款到发货（在线信用卡付款，PayPal账户付款）。

二、海淘的支付方式

1. 双币信用卡

双币信用卡是同时具有人民币和美元两种结算功能的信用卡，在国内通过银联可以实现人民币结算，出国后可以在支持 VISA 或者 MasterCard 的商户或银行取款机消费和取现，并且以美元进行结算。

用，境内使用人民币结算，境外使用美元结算。

2. PayPal

（1）支持网络销售。在网站、博客或其他站点上添加 PayPal 按钮，付款既快速又轻松，无论是偶尔出售几件物品还是在 eBay 上开店，PayPal 都是最佳的收款方式。

（2）立即向他人收款。只需要获得收款方的电子邮件地址，就可以立即向其收款，简单、方便又安全。

（3）支持网上购物。使用 PayPal 可以在数百万的在线店铺上购物结账。

3. 财付通

开通财付通运通国际账号，就可以通过财付通会员折扣价选购海量境外商家精品，进而使用财付通完成支付。即使没有国际信用卡或双币信用卡，也可以通过财付通运通国际账号使用人民币进行支付，对于仅接受美国境内发行卡的国外网站也畅通无阻。同时，为了方便财付通用户的海外购物，财付通与部分转运公司合作，开通运通国际账号时会自动分配境外转运地址，用户可以直接使用财付通提供的转运地址。

任务八　互联网金融

互联网金融是指传统金融机构与互联网企业利用互联网技术和信息通信技术实现资金融通、支付、投资和信息中介服务的新型金融业务模式。互联网金融是传统金融行业与互联网技术相结合的新兴领域。

当前"互联网＋金融"格局由传统金融机构和非金融机构组成。传统金融机构主要为传统金融业务的互联网创新以及电商化创新、App 创新等；非金融机构则主要是指利用互联网技术进行金融运作的电商企业、个人对个人（P2P）模式的网络借贷平台、众筹模式的网络投资平台，以及第三方支付平台等。

2016 年 1 月 14 日，艾瑞咨询发布的《2015—2016 年度中国互联网领域时大风口行业核心数据报告》显示，2015 年中国互联网金融产业仍保持高速发展的态势，不同细分领域表现各有千秋，其中最吸引眼球的当属第三方移动支付、P2P 借贷、众筹领域。

此外，第三方互联网支付、基金电子商务水平、互联网保险均有较快发展。总体而言，互联网金融产业的快速发展不仅有助于完善我国现有金融体系，同时也将成为促进我国经济转型过程中的重要推动力。

一、第三方移动支付

当前，第三方移动支付成为各领域争相抢夺的焦点，投资理财和消费金融成为最主要的战场，未来增长潜力巨大。

1. 第三方移动支付类别的划分

按机构主体，可分为非独立第三方、独立第三方、国有控股、国有参股以及民营资本等第三方移动支付类型；按支付过程，可分为远程支付、近场支付、微支付（单笔交易金额小于 10 美元）、宏支付（单笔交易金额大于 10 美元）、即时支付和担保支付等第三方移动支付类型；按支付业务，可分为面向消费者和面向行业的第三方移动支付类型。

2. 第三方移动支付的特征

第三方移动支付具有多元化、社交化、营销化、金融化等特征。

3. 我国第三方移动支付的市场发展状况

据 2016 年 1 月比达咨询发布的《2015 年度中国第三方移动支付市场研究报告》显示，支付宝占 2015 年中国第三方移动支付交易规模市场份额的 72.9%，排名首位；财付通（微信＋手机 QQ）占比 17.4%，排名第二；拉卡拉占比 3%，排名第三；百度钱包、易宝支付、快钱分列第四、五、六位。

二、网络借贷

网络借贷指借贷双方在网上实现借贷，借入者和借出者均可利用这个网络平台，实现借贷的"在线交易"，也称 P2P 借贷。网络借贷分为个体网络借贷（即 P2P 网络借贷）和网络小额贷款。个体网络借贷是指个体和个体之间通过互联网平台实现的直接借贷，即有资金并且有理财投资想法的个人，通过有资质的中介机构牵线搭桥，使用信用贷款的方式将资金贷给其他有借款需求的人。网络小额贷款是指互联网企业通过其控股的小额贷款公司，利用互联网向客户提供小额贷款。

2015 年，中国 P2P 借贷交易规模达八千亿元，同比增长230.2%。首家 P2P 企业——宜人贷赴美上市，受到行业高度关注，这不仅有利于改变用户对 P2P 企业的认知，也有利于推动行业规范化发展。

人人贷公司成立于 2010 年，是中国社科院、中国互联网协会等国家级权威机构评定的 AAA 级个人金融信息服务平台、中国互联网百强企业。Wealth Evolution 是人人贷公司旗下的理财品牌，为广大理财用户提供更多元的投资选择与更优质的综合理财服务。

三、众　　筹

众筹即大众投资和群众投资，是指用"赞助＋回报"的形式，向网友募集项目资金的模式。众筹利用互联网和社交网络服务（SNS）传播的特性，让许多有梦想的人可以向公众展示自己的创意，发起项目，获取别人的支持与帮助，进而获得所需要的援助，支持者则会获得实物、服务等不同形式的回报。

现代众筹是指通过互联网方式发布筹款项目并募集资金。相对于传统的融资方式，众筹更为开放，能否获得资金也不再仅以项目的商业价值作为唯一标准。只要是网友喜欢的项目，都可以通过众筹的方式获得项目启动的第一笔资金，为更多小本经营或创作的人提供了无限可能。

2015 年，权益众筹等交易规模同比增长 548.9%，电商起家的京东、淘宝以及苏宁等平台纷纷建立起众筹平台，一方面是对自身金融版图的一种拓展；另一方面将众筹概念渗透到平台用户中，使用户了解并进行众筹投资，极大地促进了众筹行业的快速发展。

淘宝众筹是一个发起创意与梦想的平台，不论淘宝卖家、买家，学生或是白领、艺术家、明星，如果有一个想完成的计划（如电影、音乐、动漫、设计、公益等），都可以在淘宝众筹发起项目，向大家展示计划，并邀请赞赏者给予资金支持。如果愿意帮助别人、支持别人的梦想，也可以在淘宝众筹浏览各行各业的人发起的项目计划，成为发起人的梦想合伙人，若项目成功，还会获得发起人给予的回报。

众筹这种快速高效的筹资方式在农村电子商务活动中值得推广借鉴。缺少资金是制约农民朋友发展电商的瓶颈之一，广大农民朋友可联合返乡创业的大学生、农民工等在农村从事生产经营活动的人员策划项目，吸引投资者的目光，发起众筹。

案例 9-1

支付宝和微信钱包是当前国内占有网络支付份额最高的两大第三方支付平台，二者合计市场占有率达 90% 以上。微信钱包是腾讯财付通的一个工具，微信支付实际上就是腾讯财付通支付，在城市已普遍用于日常收付款，操作简单，大部分用户在亲友指导一次后都会使用。而支付宝主要用于电子商务活动中的收付款，使用人群数量虽略低于微信钱包，但支付宝收付款发生额远高于微信钱包。支付宝有收付款、转账、缴费等诸多功能。下面介绍支付宝的使用流程和手机支付宝的使用。

一、支付宝使用流程

1. 注册

注册成功后，可以享受购物、付款、收款、水电煤缴费、通信费缴费、信用卡还款、AA收款、交房租、送礼金等服务。支付宝可以在淘宝网站注册或在支付宝首页进行注册。

（1）手机注册。登录支付宝网站或淘宝网站，选择"手机注册"方式，填写手机号码、登录密码、真实姓名。然后接收并输入手机校验码，注册成功。

（2）邮箱注册。登录支付宝网站或淘宝网站，选择"邮箱注册"方式，填写电子邮箱地址、登录密码、真实姓名。然后去邮箱激活支付宝账户，注册成功。

2. 购物

在淘宝购物，首先选择商品，将钱支付到支付宝，确认收货无误则通知支付宝付钱给商家，交易成功。若发现货物有问题，则申请支付宝退款给买家，支付结束。

3. 如何付款

支付宝支持支付宝余额付款、储蓄卡付款、信用卡付款、货到付款、网点付款、消费卡付款、找他人代付。

4. 账户充值

（1）网上银行充值。支持工商银行、招商银行、建设银行等19家网上银行为支付宝账户充值。在充值前，先要开通银行卡的网上银行。充值后，选择使用"支付宝余额"付款。

支付宝卡通是支付宝与中国工商银行、中国建设银行等50余家银行联合推出的一项网上支付服务，只需一个支付密码，即可快速完成充值。充值前，需先开通支付宝卡通。

（2）网点充值。用户需先到与支付宝合作的营业网点（如便利店、药店、邮局等），用现金或刷卡购买充值码，然后登录支付宝充值。

（3）消费卡充值。目前支持百联OK卡、话费充值卡（全国神州行卡、联通一卡充）和便利通卡。

5. 消费记录

通过支付宝购物、缴纳水电煤或者进行信用卡还款服务之后，用户可以第一时间在消费记录中查询相关信息。

其流程为：登录支付宝，点击"消费记录"，选择需要查询的记录类型；设置查询时间及查询类型；查询结果。类似的流程还可以查询充提记录、退款管理。

二、使用手机支付宝

（1）如手机上还没有支付宝，请到 www.alipay.com 下载支付宝手机客户端并安装，也可在手机官方提供的应用市场下载。要确保下载的支付宝软件为官方正版。

（2）安装好后，登录支付宝。登录完成后，可以设置一个手势密码，最好不要和手机的锁屏密码重合。

（3）登录成功后，可在手机支付宝界面下看到首页、口碑、朋友、我的四个可触摸打开的功能区。

（4）根据需要选择不同功能的标签进行操作。

在首页里，最上面有四个图标：扫一扫、付钱、收钱、卡包。扫一扫功能可以通过扫描他人的收钱码付款。付钱功能是在支持支付宝支付的商场结款时，把这个拿出来，让收银员用扫码枪扫一下，就可以完成付款了。收钱功能标签是他人向你付款时，用他人的扫一扫来扫你的收钱二维码。卡包是存放各种会员卡、优惠券的地方。

打开口碑标签可以购物消费，有美食、快餐小吃、休闲娱乐、超市、电影等诸多板块可供消费者选择。

朋友标签功能区是用户与支付宝好友交流的地方，支持文字、图片、视频、转账、收款等诸多功能。

我的标签功能区是查看个人支付宝账户综合信息的板块，还可以在这里理财、买保险等。

无论是支付宝、微信，还是其他支付工具，其功能和操作都在不断改进更新，只要经常使用，就会很快熟悉操作方法。在进行收付款等与金钱相关的操作时，务必注意资金安全，账号密码不能泄露，不明链接不点击，不明二维码不能扫，时时提高警惕，才能保证账号安全。

复习思考题:

1. 常用的电子支付工具有哪些?

2. 常用的第三方支付平台有哪些?

3. 用电脑或手机练习使用支付宝、微信支付。

4. 网上银行支付常用的安全技术有哪些?

模块十　布局农村电子商务的主要电商平台

[引例]

在吉林省乾安县的一个小村庄里，小卖店的店主于学奎正在忙着算账。他所说的算账就是清点这一天的销售额和收入总额。以往，销售额与收入总额是一致的，而从 2014 年 6 月开始，收入与销售额不再完全相等，而且差异渐渐变大，收入额明显高于销售额。这是因为他成为了农村淘宝的一员，收入来源不再是单一销售商品的收入，还有快递服务费收入和网络代购服务。

农村淘宝是阿里巴巴集团提出的未来重点发展的涉农电商业务，以电商平台为基础，对农民消费者来说是"网货下乡"，对城市消费者来说是"农产品进城"。阿里 2015 年正式启动"千县万村计划"农村战略，未来 3～5 年将投资 100 亿元，建立 1 000 个县级运营中心和 10 万个村级服务站。截至 2015 年 8 月末，村淘已拓展到全国 18 个省，覆盖 102 个县、3 667 个村，帮农民网上代买和代卖。农村淘宝依托蚂蚁金服、阿里健康、菜鸟物流、1688、特色中国和阿里旅行提供金融、医疗、物流、批发、农特产品销售和旅游的农村综合服务。

任务一　阿里农村战略

一、农村淘宝的主要功能和作用

村淘全称为农村淘宝，是阿里巴巴集团的战略项目。为了服务农民、创新农业，让农村变得更美好，阿里巴巴计划在 3～5 年中投资 100 亿元，建立 1 000 个县级服务中心和 10 万个村级服务站。阿里巴巴集团将与各地政府深度合作，以电子商务平台为基础，通过搭建县村两级服务网络，充分发挥电子商务优势，突破物流、信息流的瓶颈，实现"网货下乡"和"农产品进城"的双向流通功能。农村淘宝可以用"五个一"来概括：一个村庄中心点、一条专用网线、一台电脑、一个超大屏幕、一群经过培训的技术人员。

阿里农村淘宝战略可概括为如下几点：

1. 为大学生回乡创业提供机会

农村淘宝从 2015 年年初开始寻找农村合伙人，仅三个月时间，报名的大学生达到 18 000 人，落地 32 个县域，最少的一个县也有 500 多名大学生报名。这些受过高等教育的年轻人将是农村淘宝的主力军。农村淘宝的核心目标是为年轻返乡大学生创造就业、创业的环境。除基础设施外，还有每个月在县和镇层面的农村合伙人集中分享、交流、培训，创造共同成长的机会。

2. 带动更多有知识、有想法的年轻人回乡创业

村淘不仅在电商方面，也在科学普及农业技术和商业模式上培养农村脱贫致富的带头人，通过培训交流，提高农民的技术水平和组织管理水平。电商的发展、城乡信息的流动、互联网基础设施的跟进以及返乡年轻人的加入，为科学生产和科学管理提供了战略制定、市场调研、生产立项、农资配置、技术种植、信息管理、人员组织、品质控制、设计包装、冷链物流、网络营销和反馈改进的每一个环节。

3. 使农民不离土背乡也能创业

打包服务，完善网络平台体系，为农村创业者提供资金，提供信息渠道和营销平台，打造工业品下行和农产品上行的综合平台。在农产品下行方面，底层通过淘宝解决村民的日常生活用品，中层通过天猫促进品牌产品下乡，上层通过聚团模式以活动的方式推广大品牌工业产品下乡。农产品上行平台包括淘宝、天猫、聚划算和微淘等。

4. 通过农村电商服务中心为村民提供本地生活服务

村淘可为村民提供多种生活服务，如网上挂号线下就医、网上生活缴费、网上订票等（图 10-1）。

图 10-1　农村淘宝首页局部

二、农村淘宝合伙人

通过与各地政府合作，以县域为单位，建设县级网络电商服务中心，招募村淘合伙人，合作建立村级的农村淘宝服务平台。

农村淘宝合作人策略就是由农村淘宝在县城建立县级农村电商服务中心和村级农村电商服务站，县级农村电商服务中心负责运营管理、物流、基础设施建设和农村淘宝合伙人培训等。村淘合伙人是阿里巴巴集团的合伙人，包括返乡大学生、返乡创业者和本地比较有思想，敢于创新、冒险的能人。村淘合伙人接受阿里的培训和资源，和阿里一起服务农村市场，在这个过程中通过货品提成等方式盈利。

1. 为合伙人提供的基础条件

农村淘宝为合伙人提供如下基础条件：

（1）基础硬件。农村淘宝为每一个县级服务运营中心提供人员办公、仓储物流等所需的厂房、办公室、电脑设备等基础设施，为村淘服务平台提供整个上网的设备，包括大屏幕、电脑等，此外，还提供各种宣传资料。

（2）创新农村综合服务。通过村淘服务平台，为农民提供综合服务，让农民享受便捷的人居生活。同时，提供蚂蚁金服、贷款以及更多的金融服务，为农民发展农村经济提供便利。

（3）激活农村电子商务生态。以当地人办当地事的方式，从培养当地人的电商理念、改变当地人的思维模式开始。

2. 成为村淘合伙人

有意成为村淘合伙人的农民可到农村淘宝网站申请。农村淘宝合伙人招募入口为 http：//cunzhaomu.taobao.com，打开网站后可点击"了解农村淘宝"，打开查看农村淘宝的官方介绍，点击"立即申请加入"申请成为村淘合伙人，点击"我要考试"进行合伙人考试（图 10-2）。

图 10-2　农村淘宝合伙人召集网页局部

农村淘宝合伙人招募条件为：①年满 18 周岁，具备完全民事责任能力；②熟练使用电脑、手机等电子产品，有网购购物经验；③诚信，勤劳，愿意将农村淘宝作为自身发展的事业。

农村淘宝合伙人申请流程为：网站报名→资质审核→签订协议→开业筹备→正式运营。

农村淘宝合伙人将获得如下支持：①技术支持，专属的账号操作相关技术支持；②业务培训，阿里巴巴可提供完善的系列培训，包括操作说明、经营技巧、促销手法等系列培训，简单易懂，上手快；③运营支持，菜鸟网络全程跟进，物流支持高效便利；④宣传支持，广播、电视、报纸等各类宣传手段不定期全面覆盖，迅速打造当地知名度。

农村淘宝合伙人盈利点包括：①订单佣金，代购商品成交后，农村淘宝合伙人可获得按订单金额一定比例计算的服务费用；②业务发展，除了网络代购，农村淘宝还将有网络代售、物流收发、农村金融等多元业务空间。

三、普惠金融进村

阿里巴巴的核心竞争力之一就是蚂蚁金服对小微企业的投资，特别是对农村涉农小微企业的扶持。蚂蚁金服旗下品牌包括支付宝钱包、余额宝、招财宝、蚂蚁小贷及网上银行等品牌。蚂蚁金服自宣布成立起就明确要走平台化道路，将开放云计算、大数据和信用体系等底层平台，同时将推动移动金融服务在三、四线城市和农村的普及。

四、菜鸟网络的城乡布局

菜鸟网络是阿里巴巴集团在 2013 年 5 月与合作各方共同组建的"菜鸟网络科技有限公司"。"菜鸟网络"是基于互联网思考、互联网技术以及对未来的判断而建立的创新型企业，希望打造出若干具有示范效应的电商产业生态圈。菜鸟网络定位于"开放的社会化仓储设施网络"。计划在 5～8 年建立一张能支撑日均 300 亿元网络零售额的智能物流骨干网络，其中主要在于建设仓储设施网络，包括自建模式。初期仓储设施的选址主要在靠近生产基地、交通设施的地区。马云将这个全国网络分为"八大军区"，各地区分步部署，以北京、华南为先。

自农村淘宝建立以来，菜鸟网络也开始支撑农村淘宝的物流体系。农村物流的关键在于解决电子商务在农村发展初始阶段订单过少的问题。农村淘宝合伙人可深入到农村，帮助附近农民下单网购，同时，菜鸟农村物流团队会和农村淘宝业务团队一起，在设立县级电子商务服务中心时就在每个县建立县级物流网络。

任务二　京东农村电子商务模式

京东农村电商战略最核心的两大模式是县级服务中心和京东帮服务店。

一、县级服务中心

县级服务中心采用公司自营的模式，房源租赁、房屋装修、家具采买、办公设备和中心人员都由公司负责，服务中心的负责人为乡村主管。乡村主管可以根据业务量自行分工，对其负责区县的业绩负责。"若想成为一名乡村主管，需有乡村生活经历或者非常熟悉乡村生活，且具备一定的市场营销能力，还得有与客户面对面沟通的经验。"

服务中心主要承担代客下单、招募乡村推广员、培训乡村推广员和营销推广等功能。具体来看，京东县级服务中心是京东针对县以下的 4~6 级市场打造的市场营销、物流配送、客户体验和产品展示四位一体的京东服务旗舰店，为客户提供代下单、配送、展示等服务。一个县级服务中心将管理该区域所有乡镇的合作点，通过招募乡村推广员、扩建京东物流渠道等，使京东自营配送覆盖至更广阔的农村区域。

案例 10-1

利用人脉推广网购理念

张学原本从事服装贸易，对网上购物十分熟悉，知道京东沭阳县的县级服务中心招聘，就前来应聘，并顺利成为全职京东推广员。他主要负责家乡耿圩镇的业务，该镇一共有 8 个村，他负责 4 个村，因他是当地人，人际关系熟络，具有推广业务的优势，向村民推广网上购物时容易取得村民的信任，所以推广开展得很顺利。村民原来习惯到村里的小超市购物，质量得不到保证，有了在京东的购物体验后，通过比较，逐渐开始接受和信任京东购物。

一次偶然的机会，王玲成了其所在乡镇的京东推广员。之前她并没有网络购物的习惯，但王玲天生好奇心强，接受新事物快。通过自学，她很快学会了使用互联网，并可熟练地进行网络购物。在她的推广下，乡亲们通过京东购物的越来越多，自开业以来日均下单量超过 10 单。

（资料来源：佚名 . https：//www. hishop. com. cn/ecschool/wsft/show _ 19019. html. 2017-04-12.）

二、京东帮服务店

京东帮提供大家电服务需求。在京东下乡方面，除了县级服务中心，力撑电商下乡的就是"京东帮"模式，加盟京东帮服务店解决的是电商下乡"最后一公里"的问题。

针对大家电产品在物流、安装和维修上的独特需求，依托厂家授权的安装网络及社会化维修站资源的本地化优势，通过口碑传播、品牌宣传、会员发展、乡村推广、代客下单等形式，京东帮为农村消费者提供配送、安装、维修、保养、置换等全套家电一站式服务解决方案。京东帮服务店与京东属于合作关系，但其承载的则是京东的自营家电业务。

任务三　顺丰生鲜物流和商业布局

　　顺丰的农村战略主要体现在顺丰的农村生鲜物流和顺丰商业的布局上。由于生鲜农产品保鲜难、保质期短、运输损耗大等特点，全程的运输、交接和储运始终在冷链环境下才能保证卫生、新鲜度及营养度，使得农产品上行对于物流环节的要求相当高。对于目前想要抢滩农村电子商务市场的企业来说，生鲜农产品供应链是一大难题。顺丰依托自己旗下的王牌业务——顺丰速运，为生鲜农产品提供供应链的解决方案。

一、顺丰的农村生鲜物流

1. 始于企业大客户的生鲜福利捎带

　　在顺丰的传统业务顺丰速运中，最大的盈利来源于大型的企业客户。顺丰积累了很多这样的大客户，在和这些大客户长期的合作过程中，部分客户为解决企业员工节庆的福利，开始委托顺丰速运在提供企业快递服务的同时，为自己的企业员工捎带一些类似柑橘、粽子等应季应节的水果或地方特产，这成为顺丰做农村生鲜物流的一个契机。

2. 顺丰试水生鲜供应链

　　2012 年 5 月，顺丰成立专门的平台和物流配送团队，开始探索和尝试打造顺丰的生鲜供应链。很快，顺丰先后在北京、广东、上海、深圳等地开通常温食品配送；2013 年开通了全国常温食品的配送；2013 年 5 月开通了天津的生鲜商品配送，开始打造生鲜产品供应链；2014 年推进了生鲜冷链配送在全国的覆盖；2015 年，顺丰生鲜供应链与顺丰优选同时开放（图 10-3）。

3. 顺丰完善生鲜物流的经营模式

　　2013 年 9 月，"顺丰冷运"品牌正式上线，推出"一站式食品供应链解决方案"，负责生鲜食品从流通到销售的整个链条，包括

图 10-3　顺丰优选线上平台

冷运仓储、冷运干线、冷运宅配、生鲜食品销售、供应链金融等。顺丰生鲜物流的客户包括食品企业、生鲜食材市场、餐饮企业、生鲜电商等，目前已与联想佳沃、天猫、淘宝商户等合作。

　　从严格意义上讲，顺丰优选也是顺丰生鲜物流的客户。生鲜供应链与优选平台下的产地直采、特色农产品馆、高端家庭蔬菜宅配卡定制预售三种模式相结合，为优选平台的合作伙伴提供冷链运输服务。

二、顺丰的商业布局

　　顺丰旗下有顺丰金融、顺丰供应链、顺丰速递、顺丰物流和顺丰商业五大事业部。其中，顺丰商业由顺丰优选、顺丰家和顺丰嘿客整合而来。顺丰商业的定位为突破中高端社区和企业大客户，为他们提供线上平台购买、物流配送、末端门店体验和售后的整体商业服务方案。

1. 线上电商平台

　　顺丰优选从主营生鲜食品电商转型为综合零售电商平台，涵盖了优选商城、优选生鲜、优选国际、企业专区四大电商领域。顺丰优选的发展方向是电商零售平台和后台物流配送，而农产品的生产和采摘包装等生产经营环节由进驻平台的商户完成。

2. 线下社区服务店

顺丰家是顺丰定位于社区生活服务的线下连锁店，主要开设在中端住宅区和办公楼。通过店中的屏幕为消费者提供物流、广告展示、虚拟销售、预售、试衣间等多种服务。2015年，便民服务升级，店内展示区分为当季美食专区、全球直采专区、母婴海淘专区、新鲜到家专区、会员专区，提供时令生鲜、全球直采商品等，同时提供生活速递类、免费便民类、私人定制类等多项服务。

案例 10-2

联想佳沃通过与顺丰合作，采用了"产地直供"的销售模式销售蓝莓。客户在佳沃合作的电商平台上下单购买，顾客下单后开始采摘，完全按需采摘，零库存售卖。在蓝莓的整个物流链中，佳沃负责提供产品筛选和包装，而顺丰则负责从产地到消费者的全程运输。为了保证佳沃蓝莓的快速运输，顺丰在各个城市集散中心有专门的蓝莓绿色通道。

除联系佳沃的蓝莓以外，高州荔枝、内蒙古羊肉等产地直供的生鲜产品都采取相同的合作方式。

复习思考题

1. 怎样成为农村淘宝合伙人？农村淘宝合伙人怎样盈利？

2. 在京东农村战略中，普通农民有没有参与其中的机会？怎样参与？

3. 顺丰生鲜物流和电商给予我们什么启示？

主要参考文献

曹明元，2014. 电子商务网店经营与管理 ［M］. 北京：清华大学出版社 .

何娟，2016. 农村电子商务物流"最后一公里"建设研究 ［J］. 现代商业 （8）：39-40.

黄道新，2016. 中国农村电子商务案例精选 ［M］. 北京：人民出版社 .

李洪心，2014. 电子商务概论 ［M］. 大连：东北财经大学出版社 .

李牧，2016. 农村电商崛起 ［M］. 北京：电子工业出版社 .

刘珂，2015. 淘宝、天猫网上开店速查速用一本通 ［M］. 北京：北京时代华文书局 .

刘涛，2015. 深度解析淘宝运营 ［M］. 北京：电子工业出版社 .

刘业政，2016. 电子商务概论 ［M］. 北京：高等教育出版社 .

罗泽举，2016. 中国区域农业发展与农村电子商务 ［M］. 北京：中国农业出版社 .

马莉婷，2016. 电子商务概论 ［M］. 北京：北京理工大学出版社 .

瞿彭志，2014. 网络营销 ［M］. 北京：高等教育出版社 .

魏延安，2015. 农村电商——互联网＋三农案例与模式 ［M］. 北京：电子工业出版社 .

佚名，2012. 农村电子商务发展模式初探 ［J］. 北京农业 （1）：11-12.

图书在版编目（CIP）数据

农村电子商务/于学文，李婷梓，李世华主编 . —
北京：中国农业出版社，2019.3（2021.2 重印）
乡村振兴战略之人才工程培训教材
ISBN 978-7-109-24834-2

Ⅰ.①农… Ⅱ.①于…②李…③李… Ⅲ.①农村－
电子商务－技术培训－教材 Ⅳ.①F713.36

中国版本图书馆 CIP 数据核字（2018）第 255894 号

中国农业出版社出版
（北京市朝阳区麦子店街 18 号楼）
（邮政编码 100125）
责任编辑 郭晨茜 国 圆
文字编辑 刘昊阳

中农印务有限公司印刷 新华书店北京发行所发行
2019 年 3 月第 1 版 2021 年 2 月北京第 2 次印刷

开本：880mm×1230mm 1/32 印张：9.75
字数：270 千字
定价：36.00 元
（凡本版图书出现印刷、装订错误，请向出版社发行部调换）